ZHONGGUO FANGZHI KEJI JIANGLI

# 中国纺织科技奖励

## （2016～2020 年）

中国纺织工业联合会科技奖励办公室
纺织之光科技教育基金会 编著

中国纺织出版社有限公司

## 内 容 提 要

本书收录了 2016~2020 年中国纺织行业获得国家科学技术奖和中国纺织工业联合会科学技术奖的项目，并对其中部分获国家科学技术奖和中国纺织工业联合会科学技术奖项目进行了介绍，是《中国纺织科技获奖三十年（1978~2008）》和《中国纺织科技奖励（2009~2015）》的续篇。

### 图书在版编目（CIP）数据

中国纺织科技奖励. 2016~2020年 / 中国纺织工业联合会科学技术奖励办公室，纺织之光科技教育基金会编著. -- 北京：中国纺织出版社有限公司，2021.8
ISBN 978-7-5180-8764-8

Ⅰ. ①中… Ⅱ. ①中… ②纺… Ⅲ. ①纺织工业—科技成果—中国—2016-2020 Ⅳ. ① TS1-12

中国版本图书馆 CIP 数据核字（2021）第 154623 号

责任编辑：孔会云 特约编辑：陈怡晓 责任校对：王蕙莹
责任印制：何 建

中国纺织出版社有限公司出版发行
地址：北京市朝阳区百子湾东里A407号楼 邮政编码：100124
销售电话：010—67004422 传真：010—87155801
http://www.c-textilep.com
中国纺织出版社天猫旗舰店
官方微博http://weibo.com/2119887771
北京华联印刷有限公司印刷 各地新华书店经销
2021年8月第1版第1次印刷
开本：889×1194 1/16 印张：10.75
字数：244千字 定价：218.00元
京朝工商广字第8172号

# 序

　　"十三五"期间，在以习近平总书记为核心的党中央坚强领导下，纺织行业深入实施创新驱动发展战略，行业创新成果竞相涌现，在纤维材料、绿色制造、智能制造等领域突破了一批"卡脖子"技术难题，纺织科技实力正在从量的积累迈向质的飞跃，从点的突破迈向系统能力提升，对促进行业科技进步、推动产业结构调整和高质量发展起到了重要的支撑作用。

　　在纺织之光科技教育基金会的大力支持下，中国纺织工业联合会科学技术奖励工作得到了持续稳定的发展。2016~2020年，全行业共有485项成果获得中国纺织工业联合会科学技术奖，获奖的485项成果中有15项又获得国家科学技术奖，其中"干喷湿纺千吨级高强/百吨级中模碳纤维产业化关键技术及应用"获得国家科技进步一等奖。科技奖励制度是党和国家激励自主创新、激发人才活力、营造良好创新环境的一项重要举措，通过纺织科技奖励的激励作用，大大提升了行业自主创新能力和创新活力，建立了一批创新示范企业和优秀科研团队，培养了一大批高层次领军人才和中青年骨干人才。对于促进科技支撑引领经济发展、加快纺织强国和创新型国家建设具有重要意义。

　　"十四五"作为我国纺织行业迈向世界科技强国前列的重要时期，要加大应用基础和共性关键技术攻关，促进科技成果产业化，推进科技创新平台和标准体系建设。我们要进一步实施创新驱动发展战略，做好纺织科技奖励工作，为纺织行业迈向世界科技强国前列做出更大的贡献。

2021 年 6 月

# 《中国纺织科技奖励》

## （2016~2020 年）

## 编 辑 委 员 会

# 目　录

# 附录 ……………………………… 145

# 国家科学技术奖纺织行业获奖项目目录

## 2016 年度国家技术发明奖
### 二等奖

| 序号 | 项目名称 | 主要完成人 | 推荐部门 |
|---|---|---|---|
| 1 | 管外降膜式液相增黏反应器创制及熔体直纺涤纶工业丝新技术 | 陈文兴（浙江理工大学）、金革（浙江古纤道新材料股份有限公司）、严旭明（扬州惠通化工技术有限公司）、刘雄（浙江古纤道新材料股份有限公司）、王建辉（浙江古纤道新材料股份有限公司）、张先明（浙江理工大学） | 浙江省 |

## 2016 年度国家科技进步奖
### 二等奖

| 序号 | 项目名称 | 主要完成单位 | 主要完成人 | 推荐部门 |
|---|---|---|---|---|
| 1 | 苎麻生态高效纺织加工关键技术及产业化 | 湖南华升集团公司、东华大学、湖南农业大学 | 程隆棣、荣金莲、肖群锋、李毓陵、耿灏、陈继无、揭雨成、严桂香、匡颖、崔桂花 | 中国纺织工业联合会 |
| 2 | 干法纺聚酰亚胺纤维制备关键技术及产业化 | 东华大学、江苏奥神新材料股份有限公司 | 张清华、王士华、詹永振、陈大俊、陶明东、郭涛、董杰、赵昕、苗岭、陈斌 | 中国纺织工业联合会 |
| 3 | 支持工业互联网的全自动电脑针织横机装备关键技术及产业化 | 浙江师范大学、宁波慈星股份有限公司、固高科技（深圳）有限公司 | 朱信忠、孙平范、李立军、吕恕、赵建民、吴启亮、徐慧英、胡跃勇、龚小云、刘越 | 浙江省 |

## 2017 年度国家技术发明奖
### 二等奖

| 序号 | 项目名称 | 主要完成人 | 推荐部门 |
|---|---|---|---|
| 1 | 超高速数码喷印设备关键技术研究及应用 | 陈耀武（浙江大学）、汪鹏君（宁波大学）、周华（浙江理工大学）、葛晨文（杭州宏华数码科技股份有限公司）、田翔（浙江大学）、周凡（浙江大学） | 浙江省 |

## 2017 年度国家科技进步奖
### 一等奖

| 序号 | 项目名称 | 主要完成单位 | 主要完成人 | 推荐部门 |
|---|---|---|---|---|
| 1 | 干喷湿纺千吨级高强/百吨级中模碳纤维产业化关键技术及应用 | 中复神鹰碳纤维有限责任公司、东华大学、江苏鹰游纺机有限公司 | 张国良、张定金、陈惠芳、刘芳、刘宣东、张斯纬、席玉松、陈秋飞、金亮、连峰、郭鹏宗、于素梅、张家好、李韦、裴怀周 | 中国纺织工业联合会 |

### 二等奖

| 序号 | 项目名称 | 主要完成单位 | 主要完成人 | 推荐部门 |
|---|---|---|---|---|
| 1 | 工业排放烟气用聚四氟乙烯基过滤材料关键技术及产业化 | 浙江理工大学、浙江格尔泰斯环保特材科技股份有限公司、西安工程大学、天津工业大学、浙江宇邦滤材科技有限公司 | 郭玉海、徐志梁、陈美玉、朱海霖、王峰、郑帼艳、周存、陈建勇、姜学梁 | 中国纺织工业联合会 |

## 2018 年度国家科技进步奖
### 二等奖

| 序号 | 项目名称 | 主要完成单位 | 主要完成人 | 推荐部门 |
|---|---|---|---|---|
| 1 | 废旧聚酯高效再生及纤维制备产业化集成技术 | 宁波大发化纤有限公司、东华大学、海盐海利环保纤维有限公司、优彩环保资源科技股份有限公司、中国纺织科学研究院有限公司、中原工学院 | 王华平、钱军、陈浩、金剑、戴泽新、王少博、陈烨、仝文奇、邢喜全、方叶青 | 中国纺织工业联合会 |
| 2 | 高性能特种编织物编织技术与装备及其产业化 | 东华大学、徐州恒辉编织机械有限公司、鲁普耐特集团有限公司、青岛海丽雅集团有限公司 | 孙以泽、孟婵、季诚昌、韩百峰、陈兵、张玉井、陈玉洁、沈明、张旭明、孙志军 | 中国纺织工业联合会 |

## 2019 年度国家科技进步奖
### 二等奖

| 序号 | 项目名称 | 主要完成单位 | 主要完成人 | 推荐部门 |
|---|---|---|---|---|
| 1 | 纺织面料颜色数字化关键技术及产业化 | 鲁泰纺织股份有限公司、东华大学、香港理工大学、中原工学院、浙江大学 | 张瑞云、忻浩忠、张建祥、沈会良、杨红英、刘淑云、纪峰、王广武、薛文良、葛权耕 | 中国纺织工业联合会 |
| 2 | 高性能工业丝线节能加捻制备技术与装备及其产业化 | 宜昌经纬纺机有限公司、武汉纺织大学、中国纺织机械（集团）有限公司、北京经纬纺机新技术有限公司 | 梅顺齐、杨华明、聂俭、汪斌、潘松、张明、杨华年、范红勇、徐巧 | 中国纺织工业联合会 |

## 2020 年度国家技术发明奖（待颁奖）
### 二等奖

| 序号 | 项目名称 | 主要完成人 | 推荐部门 |
|---|---|---|---|
| 1 | 高曲率液面静电纺非织造材料宏量制备关键技术与产业化 | 覃小红（东华大学）、王荣武（东华大学）、何建新（中原工学院）、刘玉军（北京钧毅微纳新材科技有限公司）、王浦国（苏州九一高科无纺设备有限公司）、费传军（中材科技股份有限公司） | 中国纺织工业联合会 |
| 2 | 有机无机原位杂化构筑高感性多功能纤维的关键技术 | 朱美芳（东华大学）、孙宾（东华大学）、周哲（东华大学）、相恒学（东华大学）、成艳华（东华大学）、杨卫忠（上海德福伦化纤有限公司） | 上海市 |

## 2020 年度国家科技进步奖（待颁奖）
### 二等奖

| 序号 | 项目名称 | 主要完成单位 | 主要完成人 | 推荐部门 |
|---|---|---|---|---|
| 1 | 固相共混热致聚合物基麻纤维复合材料制备技术与应用 | 长春博超汽车零部件股份有限公司、军事科学院系统工程研究院军需工程技术研究所、吉林大学、天津工业大学 | 刘雪强、李志刚、潘国立、窦艳丽、王春红、张长琦、杨涵、严自力、马继群、王瑞 | 中国纺织工业联合会 |
| 2 | 高性能无缝纬编智能装备创制及产业化 | 浙江理工大学、浙江恒强科技股份有限公司、浙江日发纺机技术有限公司、泉州佰源机械科技有限公司 | 胡旭东、彭来湖、吴震宇、向忠、袁嫣红、何旭平、汝欣、史伟民、胡军祥、傅开实 | 中国纺织工业联合会 |

# 国家科学技术奖纺织行业
# 获奖项目简介

# 管外降膜式液相增黏反应器创制及
# 熔体直纺涤纶工业丝新技术

**主 要 完 成 人：**陈文兴（浙江理工大学）、金革（浙江古纤道新材料股份有限公司）、严旭明（扬州惠通化工技术有限公司）、刘雄（浙江古纤道新材料股份有限公司）、王建辉（浙江古纤道新材料股份有限公司）、张先明（浙江理工大学）

该项目发明了管外降膜式液相增黏反应器，突破了高分子工业中熔融缩聚制备高黏聚酯熔体的重大技术难题，并针对现行切片纺涤纶工业丝存在的工艺流程长、设备投资大、生产能耗高等弊端，成功研发了高效节能的熔体直纺涤纶工业丝新技术。项目创立了聚酯"竖直管外降膜"液相增黏方法，自主研制了成套聚合装备，实现了熔融缩聚直接制备工业丝级高黏聚酯熔体；创建了短流程柔性化涤纶工业丝生产线，攻克了高黏熔体管道输送特性黏度降大的难题，解决了聚酯大容量的规模效应与涤纶工业丝多品种市场需求之间的矛盾；研发了高黏熔体大流量集约化纺丝技术，大幅度提高了纺丝效率，开发了深海系泊用高强高模涤纶工业丝等高品质工业丝产品。

项目新建全球产能最大和能耗最低的年产 20 万吨和 30 万吨两条熔体直纺涤纶工业丝生产线，相比切片纺生产线节省设备投资约 4.2 亿元，工艺流程缩短 30h 以上，近三年新增销售 64.0 亿元，利润 4.6 亿元，创汇 2.9 亿美元。单位产品综合能耗比切片纺下降 35.7% 左右，年产 30 万吨涤纶工业丝每年可减排 $CO_2$ 约 10 万吨。已获授权中国发明专利 17 件，申请国际专利 PCT4 件，形成了自主知识产权体系。

## 苎麻生态高效纺织加工关键技术及产业化

**主要完成单位**：湖南华升集团公司、东华大学、湖南农业大学

**主要完成人**：程隆棣、荣金莲、肖群锋、李毓陵、耿灏、陈继无、揭雨成、严桂香、匡颖、崔桂花

该项目针对高品质苎麻纤维存在的加工技术含量低、产品品种单一、面料风格粗犷式等难题，采用太空诱变育种技术，培育出细度2600公支以上、原麻含胶低至22%、木质素含量在1.5%的超细度高品质苎麻；攻克了"生物—化学同步脱胶"技术瓶颈，率先实现了苎麻节能高效产业化脱胶；针对苎麻纤维长度高倍离散的特性，发明了专用梳排式牵切制条装备，提高了麻条质量；设计开发小间距气流槽聚型苎麻长纤纺专用装备，为100公支以上纯苎麻纱线制备提供装备保障；发明了自捻型喷气涡流纺空心锭，为高产化苎麻/棉混纺纱开发提供硬件保障；发明了细支苎麻纱上浆新技术及轻薄型苎麻织造防稀密路装置等，以满足轻薄型苎麻面料产业化生产；开发了苎麻织物专用抗刺痒和防皱助剂，显著改善苎麻面料刺痒感和抗皱回弹性，实现了轻薄型苎麻纺织面料加工关键技术的产业化。

该项目申请各项专利19件，已获授权16件，其中发明专利国内11件、国外3件。项目的产业化实施极大地提升了苎麻纤维面料的高品质化，最大化地降低了加工过程对环境的压力，提升了具有中国特色的苎麻纤维面料的国际影响力，也有助于推动具有环境生态功能的苎麻种植业的可持续发展。项目实现了企业的转型、升级，对苎麻行业的可持续发展起到良好的推动和示范，为具有中国特色的苎麻产业的进一步国际化起到了良好的引领效果。

# 干法纺聚酰亚胺纤维制备关键技术及产业化

**主要完成单位：**东华大学、江苏奥神新材料股份有限公司
**主要完成人：**张清华、王士华、詹永振、陈大俊、陶明东、郭涛、董杰、赵昕、苗岭、陈斌

聚酰亚胺（PI）纤维不仅具有较高的力学性能，而且耐化学腐蚀性、热氧化稳定性和耐辐射性能十分优越，在国家安全、航空航天和环境保护等领域具有广阔的应用前景，将成为下一代高性能纤维的典型代表。目前国内外生产PI纤维均采用湿法纺丝技术路线，该方法使用大量水与溶剂的混合物为凝固浴，存在生产流程长、溶剂回收能耗大、易造成环境污染等问题。为此，我们采用环保高效的干法纺丝技术，建立了PI纤维的成形理论，实现了工艺及设备的技术集成，建成了国际上首条干法纺PI纤维1000 t/a级生产线。主要成果包括：

（1）在国际上首次提出干法纺丝成形"反应纺丝"新原理和新方法。揭示了前驱体纤维在干法纺丝成形过程中伴有部分环化反应的机理，建立了干法成形动力学模型及纤维凝聚态结构调控方法，为纤维生产工艺的确定和设备的成套化提供了理论基础。（2）设计合成了适应于干法成形工艺的纺丝浆液。通过共聚等手段调控聚合物的分子结构，合成了高分子量、高均匀性、适应"反应纺丝"技术要求的纺丝浆液。（3）发明了干法纺制备PI纤维原丝、环化—拉伸一体化等关键技术和工艺，实现了溶剂的高效回收。以"反应纺丝"为基础，确立了干法纺丝成形工艺，获得了原丝的稳定化制备关键技术，实现了环化—牵伸一体化后处理方法，大幅提高了生产效率。（4）自主研发出国际上首套干法纺PI纤维生产设备，实现了聚合—均化—干法成形—集束—环化牵伸—热处理等工序间工艺与装备的同步协调。

耐热型PI纤维的成功产业化，不仅打破了国外产品的垄断，而且以明显的技术水平和成本优势参与国际竞争，推动我国高性能纤维的跨越式发展。同时，纤维工程化关键技术和成套生产装备对我国高性能纤维产业的发展具有重要的借鉴意义。

# 支持工业互联网的全自动电脑针织横机装备关键技术及产业化

**主要完成单位：**浙江师范大学、宁波慈星股份有限公司、固高科技（深圳）有限公司

**主 要 完 成 人：**朱信忠、孙平范、李立军、吕恕、赵建民、吴启亮、徐慧英、胡跃勇、龚小云、刘越

纺织产业是国民经济支柱产业和重要民生产业，针织横机是关键装备。长期以来，市场由日本岛精（Shima Sciki）、德国斯托尔（Stoll）等国外品牌垄断，制约并阻碍了我国由针织大国向针织强国发展，实现全自动电脑针织横机装备国产化及自主化刻不容缓。国产机型开发不仅面临高速稳定运行、消除起底废纱、平稳编织、精确协调控制和针织物模拟、机联网等技术难题，还必须面对国外专利技术壁垒。

项目从突破国外专利技术保护和攻克行业共性问题入手，打破发达国家技术垄断，主要围绕全自动电脑针织横机装备关键技术及产业化展开，攻克和掌握了自动起底编织、高品质复杂花型编织、高速编织成圈机构、针织物模拟、工业互联及多传感器信息融合的智能控制等技术，解决了复杂花型平稳编织、高速编织不稳定等困扰业界多年难题，开发了可视化制版及花型准备系统，实现了针织物模拟，达到"所见即所得"、互联网＋云制造和机联网集成，还开发了高性能嵌入式驱控一体化智能控制系统，实现高速精确协调控制，支持与ERP/MES制造系统集成，实现了全自动电脑针织横机的国产化及针织行业智能制造工业互联网应用，技术稳定、可靠，成熟完备性好。

目前，团队基于针织机械行业多年的技术沉淀，将工业4.0、AI、互联网＋深度赋能，研发并推出了新一代一线成型3D编织关键技术与装备：一线成型（全成型）电脑横机，满足纺织行业产业链下游个性化定制需求，提升市场占用率，已量产并推向市场，填补了该领域国内空白，处国际领先地位。

# 超高速数码喷印设备关键技术研发及应用

**主要完成人**：陈耀武（浙江大学）、汪鹏君（宁波大学）、周华（浙江理工大学）、葛晨文（杭州宏华数码科技股份有限公司）、田翔（浙江大学）、周凡（浙江大学）

超高速数码喷印设备是纺织印染行业转型升级的核心关键装备。由于技术难度大，国际上长时间未取得实质性进展，数码喷印技术也一直无法应用于工业化批量生产。该项目在国家科技支撑计划和国家"863"计划的支持下，率先开展超高速数码喷印设备关键技术的攻关，通过产学研合作，发明了基于众核处理器的超大流量喷印数据实时并行处理引擎、基于视频的喷印过程实时监测与控制方法、基于图像质量评价模型的喷印图像质量缺陷自动检测方法，形成了一批具有国际领先水平的技术与装备，为超高速数码喷印行业技术创新做出重大贡献。

项目共授权发明专利29件，其中美国发明专利2件；获软件著作权7项；发表SCI/EI论文27篇；作为牵头单位主持起草并正式发布国家纺织行业标准1项。

该成果已实现规模化生产，产品出口到日本、意大利等20多个国家和地区，在国内外200多家印染企业得到成功应用，近三年新增产值3.07亿元，出口创汇9323万元，主要应用单位新增销售额7.3亿元，新增利润1.12亿元。该项目成果被列入国家发改委《产业结构调整指导目录》、工信部《工业节能"十二五"规划》和环保部《国家鼓励发展的环境保护技术目录》，项目获2012年浙江省科学技术一等奖。

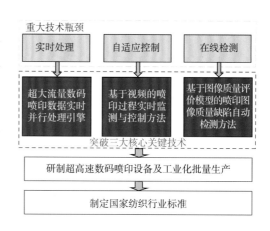

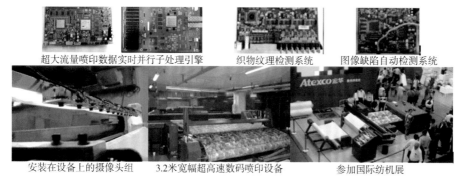

超大流量喷印数据实时并行子处理引擎　　织物纹理检测系统　　图像缺陷自动检测系统

安装在设备上的摄像头组　　3.2米宽幅超高速数码喷印设备　　参加国际纺机展

# 干喷湿纺千吨级高强／百吨级中模
# 碳纤维产业化关键技术及应用

**主要完成单位：** 中复神鹰碳纤维有限责任公司、东华大学、江苏鹰游纺机有限公司

**主要完成人：** 张国良、张定金、陈惠芳、刘芳、刘宣东、张斯纬、席玉松、陈秋飞、金亮、连峰、郭鹏宗、于素梅、张家好、李韦、裴怀周

　　该项目在已有千吨规模T300级碳纤维产业化基础上，自主开发了干喷湿纺碳纤维技术，设计研发了关键生产装备，建成了国内首条千吨规模T700/T800级碳纤维生产线。通过创新研制60m³超大型聚合釜，实现了纺丝原液制备的稳定化、均一化；采用温度致变凝固成型的方法，突破了快速成型技术，纺丝速度达到了300m/min；通过聚合物改性调控PAN纤维的放热特性来提高氧化耐热性，并结合氧化炉的高效热交换，突破了快速均质预氧化技术，预氧化时间缩短至35min；通过树脂改性技术和功能组分调控，开发了适用于不同领域的多种碳纤维上浆剂，典型应用于缠绕成型工艺和碳／碳复合材料；采用氧化炉低层距结构设计和低温碳化炉近距离快速排焦设计，将碳化速度提高到11m/min，实现了2m幅宽碳化线千吨规模的连续化生产。该项目获得专利授权12件，其中发明专利9件、实用新型3件。

　　该项目采用高速纺丝、快速预氧化等技术，降低了生产成本和能耗。原材料（丙烯腈）单耗为2.12，电耗为26 kW·h/kg。建成3条干喷湿纺纺丝线，累计销售干喷湿纺碳纤维3182吨，占国产碳纤维市场的50%以上，销售额近3亿元。2016年1~5月产品已经在民用市场领域实现盈利，在国内碳纤维行业中尚属首次。

　　该项目产品已大规模应用于碳／碳复合材料、复合芯电缆、压力容器、医疗器械、土木建筑等工业领域和球拍、自行车等体育休闲领域，并在航空航天、兵器工业、核工业等国防军工领域试用，用户评价良好。此外，产品在新能源汽车、轨道交通、风力发电、海洋工程等新兴领域具有广阔的应用前景。产品对提高我国军用高性能碳纤维自主保障能力，支撑国家战略性新兴产业发展，推动传统产业升级具有重要的战略意义。

# 工业排放烟气用聚四氟乙烯基过滤材料关键技术及产业化

**主要完成单位：**浙江理工大学、浙江格尔泰斯环保特材科技股份有限公司、西安工程大学、天津工业大学、浙江宇邦滤材科技有限公司

**主要完成人：**郭玉海、徐志梁、陈美玉、朱海霖、王峰、郑帼、唐红艳、周存、陈建勇、姜学梁

垃圾焚烧是破解"垃圾围城"的有效手段。但是高温焚烧除产生粉尘外，还生成诸如被国际卫生组织列为一级致癌物的二噁英等毒性物质。该项目针对传统垃圾焚烧中除尘袋处理粉尘、活性炭吸附二噁英以及除尘袋用聚四氟乙烯（PTFE）膜裂纤维等技术弊端，研发了粉尘和二噁英一体化处理用过滤袋和高模量含氟纤维。该项目获授权发明专利7件。主要技术内容如下：

（1）二噁英催化功效材料制备关键技术：基于二噁英催化剂的催化分解，发明了以耐腐蚀多孔PTFE为载体的催化纤维和置于滤袋内的催化内芯制备技术，两者配合使用催化分解二噁英。（2）揭示了分散型PTFE树脂混熔热熔性含氟材料的力学性能变化规律，建立基于含氟材料铆接作用的增模增强机制；以此材料为基础，发明了分梳加工装置制备高卷曲超细含氟短纤和切割热熔定型技术制备圆形截面高强含氟长丝。（3）除尘/废气分解一体化滤料和滤袋集成设计和加工技术：通过含氟短纤、催化纤维、长丝网布等材料的集成设计，实现高除尘效率和催化分解二噁英的环保过滤材料研制和垃圾焚烧专用耐高温滤袋批量生产。项目组建了滤袋生产线2条，产能10万条/年；含氟长丝生产线60台（套），产能800t/年；含氟短纤生产线18台（套），产能1000t/年。滤料用于垃圾焚烧，纤维用于燃煤电厂、水泥厂等行业的高温尾气处理上。

该项目提高了环保滤料的生产工艺和设备水平，为我国具有国际先进性排放标准的制定奠定物质和技术基础，对提高我国大气污染防治的科技支撑能力、满足环保领域国家重大战略需求、推动产业结构战略性调整等方面具有重要意义。

# 废旧聚酯高效再生及纤维制备产业化集成技术

**主要完成单位：**宁波大发化纤有限公司、东华大学、海盐海利环保纤维有限公司、优彩环保资源科技股份有限公司、中国纺织科学研究院有限公司、中原工学院

**主要完成人：**王华平、钱军、陈浩、金剑、戴泽新、王少博、陈烨、仝文奇、邢喜全、方叶青

我国聚酯纤维已突破4000万吨，是纺织的主要原料，但回收利用率却不足8%，严重影响化纤行业的可持续发展。项目以废旧纤维资源综合利用最优化、加工过程高效柔性化、产品高品质高值化等为目标，构建废旧聚酯纤维再生体系。主要创新如下：

（1）创建了废旧聚酯纤维物理化学法再生技术体系。研发水热协同塑化搓粒、乙二醇微醇解—脱挥—聚合"技术，研制微醇解反应螺杆、熔体立式降膜脱挥—卧式鼠笼增粘串联反应釜等装置，解决再生聚酯黏度与品质波动难题，实现资源化与均质化的统一。（2）攻克了BHET化学法再生聚合纺丝技术。研发免水洗废纤预处理、非均相醇解、BHET多级高效精过滤等技术，提高醇解效率及BHET品质，实现化学法再生聚合纺丝；开发在线循环式柔性添加系统，提升再生涤纶长丝差别化品种与品质。（3）研发了再生聚酯在线全色谱配调色及高品质差别化技术。研发了聚酯色泡料多元配色、母粒在线添加熔体补色调色技术，解决了再生聚酯纤维的色差控制难题，实现了全色谱配色—在线调色，制备了细旦、粗旦高强、超柔软、仿硬棕等增白及有色短纤维。（4）发明了低熔点/再生聚酯复合纤维熔体直纺技术。开发了间苯二甲酸和二甘醇双效协同的低熔点共聚酯制备技术，研制了以低熔点聚酯为皮层、再生聚酯为芯层的复合纤维熔体直纺技术与装置，制备了"以新包旧"低熔点复合纤维。

该项目授权发明专利20件，实用新型专利37件，制定行业标准3项，经济效益显著；实现了废旧聚酯纤维制品高效再生及高附加值开发，推动了我国纺织循环经济的发展。

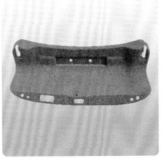

# 高性能特种编织物编织技术与装备
# 及其产业化

**主要完成单位**：东华大学、徐州恒辉编织机械有限公司、鲁普耐特集团有限公司、青岛海丽雅集团有限公司

**主要完成人**：孙以泽、孟婥、李诚昌、韩百峰、陈兵、陈玉洁、刘建峰、孙志军、仇尊波、张玉井、刘磊、李培波、郗欣甫、姚灵灵、扈昕瞳

该项目中产业用编织物系采用高性能纤维材料经特种编织技术与装备编织的绳缆、管类、带类、海洋伪装植物等，这些产品具有三维非正交结构，力学性能最优，在尖端国防和重要民生领域有重大需求，如航母舰载机拦阻绳、舰艇绳缆、伞降机降绳缆、海洋伪装植物等国防产品和深海作业打捞绳缆、船舶码头矿山绳缆、消防管类编织物、渔业编织物、医用编织物等民生产品。近年在航母工程、海洋权益维护与开发战略下，对编织装备及产业用编织产品提出了更高要求。

项目的关键技术及创新点为：发明了非正交无接头封闭绳缆编织技术，突破了常规编织只能编织非封闭绳缆的技术局限，将绳缆的抗拉强度提高 2 倍以上；发明了恒捻度保持机构和大张力控制方法，实现了编织股绳 0 捻度波动，保证了大规格负载下编织的稳定性和高品质，可编织直径提高 2.5 倍，无接头编织长度提高 9 倍；发明了仿形变径变节距编织方法和实现机构，实现了可伸缩编织物原创编织、大伸缩比伸缩节距在线调控和编织后在线定型；提出了多爪协同复合编织概念，设计了多爪钳持系统，实现了多爪钳持与锭子编织—捆扎缠绕—芯模牵引多执行单元的精确协同，原创性编织海洋伪装植物。

项目成果具有自主知识产权，授权发明专利 14 件，制定企业标准 1 项。该项目产品系列装备已大规模生产，出口 60 多个国家和地区，近 3 年直接经济效益 6.707 亿元。项目产品是国内数十家企业主流装备，近 3 年间接经济效益 10.612 亿元，经济效益显著。

# 纺织面料颜色数字化关键技术及产业化

**主要完成单位:**鲁泰纺织股份有限公司、东华大学、香港理工大学、中原工学院、浙江大学

**主要完成人:**张瑞云、忻浩忠、张建祥、沈会良、杨红英、刘淑云、纪峰、王广武、薛文良、葛权耕

该项目针对色织领域精准测配色、面料结构的CAD高仿真、面料及颜色的影像化及影像检索、数字化色织面料云平台及跨区域在线传输等技术进行了系统的研究与攻关。主要技术创新成果如下:

(1)该项目研究了纱线和面料的精准测色技术,提出了测色系统精准测色条件;创新研发了高精度多光谱成像颜色测量系统,突破了颜色测量时样品的数量限制,实现了微量样品的精准测色;自主研发了电子色卡系统并开发色纱全信息数据库,实现了色纱颜色的配方智能检索配对和精准配色功能;构建了智能、高效、精准的测配色系统。(2)突破了面料颜色与纹理结构综合外观效应的高仿真技术,研究了色织面料图像的硬件显示匹配技术和色度值调色规律,通过软硬件的纠偏设计与开发,实现了面料在屏幕和织物纸卡上的高仿真效果,确保了屏幕色、打印色及实物色的高度一致。(3)研究了纱线与面料非接触式影像采集技术,开发出影像化面料效果与实物颜色、纹理特征高度一致的影像采集系统;发明了彩色面料图像间的特征矩阵库匹配技术,根据相似度矩阵计算面料样品的匹配相似度,实现面料图像的智能检索。(4)构建了数字化色织面料研发和管理的云平台,实现了电子色卡等各类信息数据库、面料影像库与测配色功能、仿真功能、颜色花型的互联网传输功能的高度集成。

该项目申请中国发明专利9件,其中国家发明专利授权4件、美国发明专利授权1件,主持或者参与制定国家、行业标准3项。该项目构建的行业通用颜色数字化模型,适应色织领域个性化定制的产品开发模式,对中国纺织行业数字化、智能化发展具有积极的示范作用。

# 高性能工业丝线节能加捻制备技术
# 与装备及其产业化

**主要完成单位：**宜昌经纬纺机有限公司、武汉纺织大学、中国纺织机械（集团）有限公司、北京经纬纺机新技术有限公司

**主要完成人：**梅顺齐、杨华明、聂俭、汪斌、潘松、张明、杨华年、范红勇、徐巧

　　工业丝加捻制备过程中存在着丝束所受张力大、易于摩擦拉毛加剧毛羽、损伤表面和强力、捻度均匀性与卷装成型精度难以保证、易产生静电吸附灰尘杂质、加捻所需能耗急剧增大等方面的行业难题。因此在高性能工业丝制品的整个工艺过程中，其加捻技术装备成为影响产品质量与生产效益的关键所在。随着高性能工业丝材料技术与制品功能需求的不断提升，其加捻制备技术装备也在不断发展，一直受到世界发达国家的高度重视，美国高技术纺织品国家发展计划、我国"十二五""十三五"科技战略中都将高性能工业丝制品制备技术与装备列入攻关计划。高性能工业丝的节能加捻制备技术和装备一直是该领域国际上亟待突破的重大瓶颈。

　　该项目在国家科技支撑计划、国家火炬计划以及国家自然科学基金的支持下，取得系列理论和技术突破，打破国外技术封锁，建立了高性能工业丝节能加捻制备装备技术体系，取得以下突破和创新：建立了加捻成纱品质和能耗控制方法，发明了高强合成纤维工业丝"一步法"高效节能直捻技术，发明了超细玻纤工业丝恒张力抗静电加捻技术，开发了系列高性能工业丝高品质节能加捻装备。项目整体技术达到国际先进水平，装备应用占国内外细分市场50%以上，推动了行业转型升级，经济社会效益显著。

　　项目成功应用于飞机与运载车辆轮胎帘子线、玻璃纤维电子纱、高档铺地与覆盖材料等高新产业，项目研发生产的装备不仅满足国内高端市场需要，并出口美国、欧洲、南美、韩国等20多个国家和地区，项目产品及研制企业成长为国际主流品牌、行业"隐形冠军"，项目为促进行业科技进步和经济发展做出了重要贡献。

# 高曲率液面静电纺非织造材料宏量
# 制备关键技术与产业化

**主要完成人：**覃小红（东华大学）、王荣武（东华大学）、何建新（中原工学院）、刘玉军（北京钧毅微纳新材科技有限公司）、王浦国（苏州九一高科无纺设备有限公司）、费传军（中材科技股份有限公司）

静电纺制备的微纳米纤维非织造材料具有高比表面积、高吸附特性，可制备高效低阻过滤材料、定向扩散导水卫生材料等高附加值产业用纺织品，是我国"十三五"规划纺织工业重点发展方向之一。该项目实现了自由液面多射流静电纺微纳米纤维非织造材料的可控稳定量产，通过与纺粘热轧、热风等非织造基材复合，为高附加值、功能性微纳米非织造材料产业化提供解决方案。该项目创新性成果如下：

（1）建立了单射流可控射流拉伸的微纳米纤维直径精准控制制备理论，建立了介质诱导下的射流拉伸细化模型，解决了微纳米纤维纺程不可控、直径离散度不可控的难题，将微纳米纤维直径 $CV$ 值降低到 30%。（2）构建了动态平衡自由液面多射流控制理论，研发出系列空间对称自由液面纺丝喷头，多射流间距仅为 5mm，包络角稳定在 10°，纤维直径 $CV$ 值降至 15%，实现纤维直径分布大幅减小，单喷头产能 250mL/h 以上，是传统针头的 160 倍。（3）发明了纵横向多模块相位补偿成网技术，分别实现了微纳米纤维梯度可变嵌入（横向）成网以及高取向（纵向）成网，为微纳米窄分布纤维非织造过滤材料和取向导湿定向扩散导水卫生材料的产业化制备奠定基础。项目组研发的 1800mm 幅宽 4 模块 8 喷头生产线年产能达到 $1.5 \times 10^6 m^2$。（4）研究了直径和孔隙梯度结构的微纳米非织造材料与 PP/PE 双组份热风基材的低速亚熔点热轧复合以及双向热风高速复合技术，制备的过滤材料滤效 > 99.999%，滤阻 < 106Pa；开发出 PLA/ES 基材的高取向 PLA 微纳米纤维复合热风工艺，制备的定向扩散导水卫生材料，不同方向液体扩散速比 > 6，液体穿透速率 > 3mL/（s·cm）。

该项目获授权国家专利 46 件，制定行业标准 1 项，发表 SCI 论文 50 篇，形成完整的知识产权体系。

# 有机无机原位杂化构筑高感性
# 多功能纤维的关键技术

**主要完成人：**朱美芳（东华大学）、孙宾（东华大学）、周哲（东华大学）、相恒学（东华大学）、成艳华（东华大学）、杨卫忠（上海德福伦化纤有限公司）

纤维材料是关乎国计民生、国防建设和重大科学工程的重要基础材料，2020年我国化学纤维产量高达6000多万吨，占全球总量70%以上。在化学纤维产量稳步增加的同时，如何赋予纤维多功能和高感性，成为纤维产业"由大到强"的国家战略需求和国际竞争焦点。功能性是指纤维具有抗菌、阻燃、防辐射等多种功能，高感性是指纤维质感、触感、外观等舒适性优异，二者是相互矛盾的。如何实现二者统一，成为世界难题。纤维产业主要面临三大任务：一是破解功能组分添加量多、分散性差、聚合不可控的难题；二是突破母粒中功能组分浓度低、易变色、不耐久瓶颈；三是攻克加工难、制成率低的产业化短板。

历经10余年研究攻关，项目组创新性地提出了有机无机原位杂化构筑高感性多功能纤维的新思路，发明了聚酯聚合过程跨尺度微纳结构功能相的原位构筑及其均匀分散新方法，建立了双螺杆限域空间和多外场诱导下聚合物与功能无机颗粒复合体系相结构的调控机制，研发了功能纤维微细化、异截面、复合加工"多相纺丝成形"新技术，构筑了多功能纤维的全链条设计与一体化实施新策略。

该项目建立了高感性多功能纤维全流程产业化技术体系，拥有完全自主知识产权，授权专利58件（其中发明专利48件），出版专著1部、发表论文50余篇，特邀报告40余次。在多家合作单位成功实现产业化，建立了5大类功能纤维生产线，开发了高感性多功能聚酯、再生聚酯和聚酰胺6短纤维、长丝及复合纤维等5大系列30多类产品，在国内外知名品牌获得成功应用，并延伸应用至高端运输和国防军工等领域，取得了突出的经济和社会效益。项目技术成果引领量大面广纤维多功能化技术创新，使我国在通用纤维功能化创新研究和纤维材料学科领域具有重要的国际影响力。

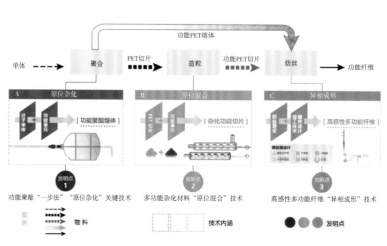

# 固相共混热致聚合物基麻纤维复合材料制备技术与应用

**主要完成单位**：长春博超汽车零部件股份有限公司、军事科学院系统工程研究院军需工程技术研究所、吉林大学、天津工业大学

**主 要 完 成 人**：刘雪强、李志刚、潘国立、窦艳丽、王春红、张长琦、杨涵、严自力、马继群、王瑞

麻纤维复合材料因具备轻质、环保、隔热、吸音、耐冲击等优异性能，成为国际上轻量化材料研究和工程应用的重点方向，但由于未能解决制备中存在的界面性能差、复杂形状和结构承载部件成型难、挥发性有机化合物（VOC）含量高等技术弊端，故一直没能实现广泛应用。

为攻克关键技术难题，该项目提出了共混热致制备聚合物基麻纤维复合材料的方法，研制出低成本、高性能的麻纤维复合材料，建立了产业化加工技术体系。主要研究内容包括：

（1）项目建立了麻纤维界面性能表征模型，开发了麻纤维界面处理技术，提高了麻纤维热塑增强复合材料力学性能，降低了材料的VOC释放。（2）发明了麻纤维固相分散共混热致造粒技术与设备，减轻了造粒过程中天然纤维的热损伤，解决了柔性大长径比麻纤维在复合材料造粒中的分散和取向问题。（3）开发出各向同性和各向异性复合材料制备技术和不同密度、不同梯度结构的复合材料制备技术，制备出满足不同力学性能需求、具备梯度性能的双/多层结构麻纤维增强复合材料。（4）发明了直粘复合成型设备，实现了面料和基材的一次成型，取代了传统分段模压成型中使用溶剂型黏合剂的制备方法，减少了VOC来源。（5）发明了边角料回收利用技术，形成了汽车内饰复合材料生产技术和产业化加工技术体系，实现了麻纤维复合材料绿色可循环生产应用。

项目已获授权发明专利10件、实用新型22件。该项目解决了交通工具内饰环保和健康危害问题，满足了车船环保和轻量化需求，提高了麻纤维复合材料的制造水平，使中国成为拥有完整自主知识产权的先进麻纤维复合材料生产国，对促进纺织和新材料行业的技术进步具有重要意义。

# 高性能无缝纬编智能装备创制
# 及产业化

**主要完成单位**：浙江理工大学、浙江恒强科技股份有限公司、浙江日发纺机技术有限公司、泉州佰源机械科技有限公司

**主要完成人**：胡旭东、彭来湖、吴震宇、向忠、袁嫣红、何旭平、汝欣、史伟民、胡军祥、傅开实

针织是纺织品最主要的生产形式，随着用人招工问题的日益凸显，离散型自动化设备形成的信息孤岛化生产已经不能满足针织企业的生产需求，针织生产车间的数字化和智能化成为必然趋势。但现有针织机械数控系统自感知能力差，网络接口与通信协议类型繁多，MES 管理系统功能简单，难以实现针织机械智能化控制、车间设备组网管控、生产过程信息化管理，制约了针织生产向智能制造转型升级。

项目主要针对针织数字化车间智能生产关键技术进行研究。开发通用性针织智能控制系统平台，研发针织机械典型执行器件的智能驱动器；设计基于云服务的针织数字化车间信息管理系统平台，开发车间数据采集服务器软件和终端应用软件；研究基于 OPC UA 规范的针织机械信息化模型构建技术，开发信息模型解析和编译器；制定适应横机、圆纬机、经编机三大类针织设备联网要求的"针织机械联网通信规范"系列标准及《横机数控系统》( FZ/T 97025—2011 )、《针织圆纬机数控系统通用技术规范》( FZ/T 99020—2018 )两项智能控制系统行业标准，将数字化车间联网通信协议和智能控制技术标准化。

项目成果具有自主知识产权，授权发明专利 16 件，实用新型专利 19 件，软件著作权 9 件，发表学术论文 37 篇，制定行业标准 8 项。针织数字化车间实现针织设备智能化控制以及车间设备、产品、人员、订单的协同管理，减少了劳动力，提高了生产效率，已在常熟国盛、晋江智创、福建源达等著名纺织企业应用，提高了产品附加值。

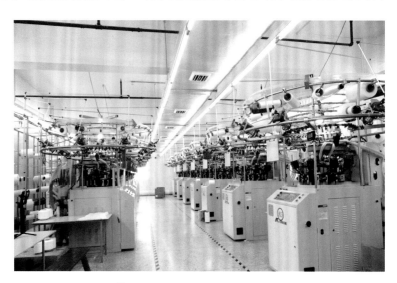

# 中国纺织工业联合会
# 科学技术奖获奖项目目录

## 2016 年度中国纺织工业联合会科学技术奖
### 一等奖

| 序号 | 项目名称 | 主要完成单位 | 主要完成人 |
|---|---|---|---|
| 1 | 大褶裥大提花机织面料喷气整体织造关键技术研究及产业化应用 | 淄博银仕来纺织有限公司、东华大学 | 李毓陵、刘宗君、李杰、马颜雪、孙红春、章学文、胡吉永、田成杰、薛文良、刘克文、刘京艳、张瑞云、李海峰、苏衍光、郭颖 |
| 2 | 海藻纤维制备产业化成套技术及装备 | 青岛大学、武汉纺织大学、青岛康通海洋纤维有限公司、绍兴蓝海纤维科技有限公司、山东洁晶集团股份有限公司、安徽绿朋环保科技股份有限公司、邯郸宏大化纤机械有限公司 | 夏延致、朱平、王兵兵、张传杰、全凤玉、隋淑英、隋坤艳、刘云、纪全、崔莉、薛志欣、王荣根、田星、金晓春、林成彬 |
| 3 | 千吨级干喷湿纺高性能碳纤维产业化关键技术及自主装备 | 中复神鹰碳纤维有限责任公司、东华大学、江苏鹰游纺机有限公司 | 张国良、张定金、陈惠芳、刘芳、刘宣东、席玉松、陈秋飞、李韦、金亮、连峰、郭鹏宗、张斯纬、于素梅、张家好、肖茹 |
| 4 | 万吨级新溶剂法纤维素纤维关键技术研发及产业化 | 山东英利实业有限公司、保定天鹅新型纤维制造有限公司、东华大学、山东大学、天津工业大学、山东省纺织设计院、上海太平洋纺织机械成套设备有限公司、山东建筑大学 | 朱波、李发学、韩荣桓、高殿才、宋俊、路喜英、于宽、曾强、郑世睿、李永威、梁勇、魏广信、蔡小平、陈鹰、孙永连 |
| 5 | 多功能飞行服面料和系列降落伞材料关键技术及产业化 | 上海市纺织科学研究院、成都海蓉特种纺织品有限公司、上海三带特种工业线带有限公司 | 吴英、李峰、汤泱、张荣、林霄、蔡敬刚、华里发、刘五终、邓新华、张承瑜、付昌飞、边丽娟、宋允、李赛、张邱平 |
| 6 | 垃圾焚烧烟气处理过滤袋和高模量含氟纤维制备关键技术 | 浙江理工大学、浙江格尔泰斯环保特材科技股份有限公司、西安工程大学、天津工业大学、浙江宇邦滤材科技有限公司 | 郭玉海、徐志梁、陈美玉、朱海霖、王峰、郑帼、唐红艳、周存、陈建勇、姜学梁、张华鹏、罗文春 |
| 7 | 医卫防护材料关键加工技术及产业化 | 东华大学、天津工业大学、浙江和中非织造股份有限公司、绍兴县庄洁无纺材料有限公司、绍兴振德医用敷料有限公司、绍兴唯尔福妇幼用品有限公司、山东颐诺生物科技有限公司 | 靳向煜、程博闻、吴海波、柯勤飞、康卫民、韩旭、王庆生、王洪、胡修元、黄晨、殷保璞、王荣武、高海根、李白 |

续表

| 序号 | 项目名称 | 主要完成单位 | 主要完成人 |
|---|---|---|---|
| 8 | 高品质差别化再生聚酯纤维关键技术及装备研发 | 海盐海利环保纤维有限公司、中国纺织科学研究院、海盐海利废塑回收处理有限公司、北京中丽制机工程技术有限公司 | 陈浩、仝文奇、方叶青、沈玮、金剑、蒋雪风、姜军、张吴芬、董凤敏、翟毅、朱华生、周晓辉、吴海良、刘永亭、吴昌木 |
| 9 | 聚酯酯化废水中有机物回收技术 | 上海聚友化工有限公司、桐昆集团股份有限公司、江阴华怡聚合有限公司、中国石化上海石油化工股份有限公司涤纶部、桐乡市中维化纤有限公司、中国纺织科学研究院 | 汪少朋、张学斌、白丁、李红彬、孟华、武术芳、甘胜华、严宏明、李传迎、郑弢、钱文程、矫云凤、赵新葵、李辉、冯秀芝 |
| 10 | ISO 14389：2014纺织品 邻苯二甲酸酯的测定 四氢呋喃法 | 中纺标检验认证有限公司、吉林出入境检验检疫局、中国纺织科学研究院 | 斯颖、牟峻、郑宇英、井婷婷、李爱军、朱缨、徐路、章辉 |
| 11 | 汉麻高效可控清洁化纺织加工关键技术与设备及其产业化 | 总后勤部军需装备研究所、武汉汉麻生物科技有限公司、云南汉麻新材料科技有限公司、郑州纺机工程技术有限公司、恒天立信工业有限公司 | 郝新敏、张华、张国君、高明斋、刘雪强、冯新星、刘辉、杨元、马德建、李新奇、张长琦、方寿林、王飞、杨伟巨、李伟 |
| 12 | 环锭纺纱智能化关键技术开发和集成 | 山东华兴纺织集团有限公司、郑州轻工业学院、郑州天启自动化系统有限公司、赛特环球机械（青岛）有限公司、日照裕华机械有限公司 | 胡广敏、王永华、王士合、王成吉、刘文田、邵国、赵鸣、杜荣宝、张保威、江豪、潘广周、刘晓燕、方玉林、张文正、周永峰 |

## 二等奖

| 序号 | 项目名称 | 主要完成单位 | 主要完成人 |
|---|---|---|---|
| 1 | 原色纤维混配呈色的全色域纱线制造关键技术及产业化 | 广东溢达纺织有限公司、中国人民解放军62023部队、武汉大学 | 田野、万晓霞、肖红、周水平、何建新、舒成朋、唐安川、杨进、吴杰之、华永诚 |
| 2 | 基于中低温浆纱技术的浆料制备关键技术 | 西安工程大学、宝鸡天健淀粉生物有限公司、五环（集团）股份有限公司 | 武海良、沈艳琴、王卫、何安民、周丹、张明社、侯成杰、李冬梅、吴长春、姚一军 |
| 3 | 舒适多功能生物质纤维混纺纱线和面料加工关键技术及产业化 | 江苏大生集团有限公司、江苏工程职业技术学院 | 沈健宏、马晓辉、汪吉良、赵瑞芝、张进武、徐晓红、成美、张慧、李燕、蔡东华 |

续表

| 序号 | 项目名称 | 主要完成单位 | 主要完成人 |
|---|---|---|---|
| 4 | 多组分纤维混纺与交织生产关键技术及产品开发 | 丹阳市丹盛纺织有限公司 | 邵育浩、周利军、孙喜平、蔡林友、赵国英 |
| 5 | 山羊绒变异后理化性能研究及应用 | 西安工程大学、宁夏中银绒业股份有限公司 | 杨建忠、孙卫国、李发洲、陈前维、黄翔、张一心、尉霞、任永花 |
| 6 | 自动化煮茧新工艺及设备研究 | 四川省丝绸科学研究院 | 刘季平、陈祥平、沈仲衡、王建平、段春稳、黎钢、沈冠东、张勇、郑丹、李琼秀 |
| 7 | 全真丝独花织锦服装工艺研究与开发 | 浙江理工大学、杭州织锦故事文化创意有限公司、浙江美嘉标服饰有限公司、浙江巴贝领带有限公司 | 李加林、王雪琴、陈平、周华、黄淑玲、李楠、丁继军、陶永政、屠永坚、林声伟 |
| 8 | 羊绒面料喷墨印花技术研究及其产业化 | 山东如意科技集团有限公司 | 丁彩玲、陈超、陈青、孔健、丁翠侠、秦光、祝亚丽、刘晓飞、杨爱国 |
| 9 | 高导湿保暖型羊毛仿生结构织物研究及开发 | 浙江纺织服装科技有限公司、天津工业大学 | 范杰、赵连英、刘雍、马崇启 |
| 10 | 巴素兰毛条工艺技术研究及其在毛精纺针织纱的产业化应用 | 浙江新澳纺织股份有限公司 | 周效田、陆卫国、华新忠、沈剑波、陆伟清、杨金强、陈波、周建恒 |
| 11 | 毛纺棉纺工艺技术在羊毛针织绒线关键技术研究及应用 | 浙江中鼎纺织有限公司 | 朱惠林、朱跃文、陈学彪、沈金财、沈伟凤、郭磊、钱惠菊 |
| 12 | 聚醚醚酮纤维制备 | 吉林大学、长春吉大特塑工程研究有限公司、南京卓创高性能新材料有限公司、四川大学、常州创赢新材料科技有限公司 | 王贵宾、姜振华、栾加双、张淑玲、张云鹤、刘鹏清、张梅、叶光斗、杨延华、岳喜贵 |
| 13 | 聚己二酰丁二胺单丝的关键技术研究及产业化 | 南通新帝克单丝科技股份有限公司、南通大学 | 马海燕、高强、陈玥竹、李涛、卫尧、马海军、杨西峰 |
| 14 | 锦纶一步法分纤母丝产业化成套设备及工艺技术 | 北京中丽制机工程技术有限公司、无锡佳成纤维有限公司、中国纺织科学研究院 | 沈玮、宣红华、许海军、刘凯亮、张明成、陈立军、常亚玲、朱进梅、武彦、王从云 |
| 15 | 单线年产10万吨复合竹浆纤维素纤维节能减排集成技术开发及应用 | 成都丽雅纤维股份有限公司 | 李雪梅、赵必波、龙国强、辜庆玲、付金丽、刘芳 |

续表

| 序号 | 项目名称 | 主要完成单位 | 主要完成人 |
|---|---|---|---|
| 16 | 循环再利用聚酯（PET）纤维鉴别技术研究 | 上海市纺织工业技术监督所、上海纺织集团检测标准有限公司、上海市合成纤维研究所 | 陆秀琴、付昌飞、李红杰、申世红、徐逸群、刘慧杰、周祯德、庄盈笑、张新民、张宝庆 |
| 17 | 低熔点特种长丝的研制及产业化 | 绍兴文理学院、凯泰特种纤维科技有限公司、绍兴禾欣纺织科技有限公司 | 占海华、许志强、朱昊、王锡波、詹莹韬、孙西超、尚小冬、董荣誉、刘越、陈亚君 |
| 18 | 熨革机用环形毡毯制造技术研发与应用 | 新疆阿勒泰工业用呢有限责任公司 | 刘兵县、王焕玺、黄官升、刘晓旭、任加荣、张玉华、马秀玲、田路、王锦 |
| 19 | 水泥窑尾袋式除尘器用耐高温抗水解芳砜纶/聚酰亚胺复合滤料 | 厦门三维丝环保股份有限公司 | 蔡伟龙、罗祥波、郑锦森、郑智宏、王巍、张静云、邱薰艺、戴婷婷 |
| 20 | 一步法针刺过滤材料数控生产线关键技术研究及应用 | 汕头三辉无纺机械厂有限公司 | 杨长辉、蔡苗、郑昌平、方霓、黄学佳、杨博、方木雄 |
| 21 | 可穿戴用柔性光电薄膜关键制备技术及其应用开发 | 天津工业大学、天津凯雷德科技发展有限公司 | 耿宏章、王文一、曹伟伟、高静、孟岩、王炎、张雷、陈丽婷、丁二雄、崔立军 |
| 22 | 双重包覆聚磷酸铵环保阻燃剂和阻燃面料研制关键技术及产业化 | 辽东学院、丹东优耐特纺织品有限公司、辽宁恒星精细化工有限公司 | 路艳华、程德红、郝旭、李金华、尹丽馨、高凯、林杰、黄凤远、卢声、开吴珍 |
| 23 | 印染企业低废排放和资源综合利用技术研究与应用 | 河海大学、宜兴乐祺纺织集团有限公司、江苏省环境科学研究院、江苏环发环保设备有限公司 | 操家顺、李超、甄仲明、薛朝霞、方芳、冯骞、许明、刘伟京、陈晓、吴俊锋 |
| 24 | 新型冷漂催化精练剂关键技术研发及应用 | 浙江传化股份有限公司、杭州传化精细化工有限公司 | 金鲜花、韩非、王胜鹏、陈八斤、毛世艳、陆林光、毛为民、兰淑仙 |
| 25 | 雕印九分色仿数码印染工艺技术研发及其产业化 | 浙江富润印染有限公司 | 傅国柱、俞振中、王益峰、顾正兴、项敬国、周忠翰、魏强、孙旭安、杨克刚、阮伟锋 |
| 26 | 纯棉高品质面料的低甲醛免烫整理技术与产业化应用 | 鲁泰纺织股份有限公司、武汉纺织大学 | 张建祥、王运利、吕文泉、倪爱红、沈小林、张守刚、夏治刚、马庆霞、崔卫钢、王维维 |

续表

| 序号 | 项目名称 | 主要完成单位 | 主要完成人 |
|---|---|---|---|
| 27 | 泡沫整理技术的工业化应用研究 | 广东溢达纺织有限公司 | 张玉高、周立明、汤克明、宋辉辉 |
| 28 | 高效数字化清梳联合机 | 郑州宏大新型纺机有限责任公司、郑州纺机工程技术有限公司 | 刘延武、郭东亮、邢怀祥、白金报、刘地、邹永泽、孟永华、段保强、董志强、王超英 |
| 29 | 高温筒子纱单向外流染色机 | 立信染整机械(深圳)有限公司 | 徐达明、林达明、王智山、陈和、李俊威 |
| 30 | 超细玻璃纤维电子纱加捻技术及装备 | 宜昌经纬纺机有限公司 | 杨华明、朱顺双、汪斌、李德英、付晋宜、肖守勤、张明、别佑廷、李永强 |
| 31 | GE2M-G高速多轴向经编机（玻璃纤维） | 常州市第八纺织机械有限公司 | 陈震、谈灵芝、刘勇俊、谢雪松、陈龙、朱高虎 |
| 32 | 数字化粗细联合机全自动粗纱机系统 | 天津宏大纺织机械有限公司 | 郝霄鹏、刘海燕、朱智伟、张超、王凯楠、李永利、冯广轩、彭健、邢承凤、赵新民 |
| 33 | JWF1211型梳棉机的研发与产业化 | 青岛宏大纺织机械有限责任公司 | 赵云波、倪敬达、李界宏、杨丽丽、杨秋兰、纪秀乾、任光业、杨锐彪、姚霞、徐丰军 |
| 34 | 智能化组合式羊绒梳理成套设备 | 青岛东佳纺机（集团）有限公司 | 纪合聚、杨效慧、张中发、李政、单宝坤、唐明、刘钦超、郭瑞勇、刘长梅 |
| 35 | GA313型宽幅高效浆纱机 | 恒天重工股份有限公司 | 王自豪、崔运喜、韩爱国、张棣、马更、元国红、路明德、雷明阳、王轩轩、董意民 |
| 36 | LCP真皮自动化裁剪流水线系统 | 杭州爱科科技有限公司 | 方云科、张东升、帅宝玉、白燕、伍郁杰、濮元强、丁威、张传乐、毛海民、王永峰 |
| 37 | WF1毛绒纤维大容量检测仪 | 陕西长岭纺织机电科技有限公司、西安工程大学 | 贾平、杨燕、张志刚、孙润军、张芳琴、杨虎、冯晓锋、宋英、董伟辉、魏萌萌 |

续表

| 序号 | 项目名称 | 主要完成单位 | 主要完成人 |
|---|---|---|---|
| 38 | 织物湿度实时智能在线检测系统关键技术研究与应用 | 西安工程大学、西安德高印染自动化有限公司 | 李鹏飞、景军锋、张宏伟、张蕾、苏泽斌、张缓缓、楚建安、王晓华、刘秀平 |
| 39 | 纺织品实验室管理和品质数据服务系统 | 中国纺织信息中心、苏州联纺信息技术服务有限公司、苏州中纺联检验技术服务有限公司 | 伏广伟、潘大经、俞正舟、杨萍、刘立军、赵得海、王玲、谢凡、贺志鹏、魏纯香 |
| 40 | 基于成衣数据和产业知识库的智能制造关键技术研究及产业化 | 苏州大学、利诚服装集团股份有限公司 | 尚笑梅、卢业虎、厉旗、陈建明、嵇味琴、潘瑞玉、乐逸朦、蔡兰 |
| 41 | JWXZE2型棉纺成套设备网络监控与管理系统 | 经纬软信科技无锡有限公司 | 刘兰生、章国政、李远超、陈兵、吴森飞 |
| 42 | GB/T 31888—2015《中小学生校服》 | 纺织工业科学技术发展中心、中纺标检验认证有限公司、上海市服装研究所、天纺标检测科技有限公司、教育部教育装备研究与发展中心、中国服装协会、中国针织工业协会 | 孙锡敏、郑宇英、王国建、徐路、杜岩冰、刘凤荣、周双喜、李红、廖青、吴颖 |
| 43 | GB/T 30558—2014《产业用纺织品分类》 | 中国产业用纺织品行业协会、东华大学、江南大学、天津工业大学、稳健医疗用品股份有限公司、大连瑞光非织造布集团有限公司、宏祥新材料股份有限公司 | 姚穆、李陵申、陈南梁、李桂梅、高卫东、程博闻、靳向煜、傅婷、张传雄、赵瑾瑜 |
| 44 | 汽车内饰材料有机污染物检测技术研究及应用 | 广州纤维产品检测研究院、中山大学 | 杨欣卉、刘文莉、莫月香、阮文红、刘丽琴、章明秋、张建扬、冯文、李春霞、谢毅 |
| 45 | GB/T 30548—2014《服装用人体数据验证方法》 | 苏州大学、上海纺织集团检测标准有限公司 | 尚笑梅、祁宁、杨秀月、周双喜、卢业虎、陈娜 |
| 46 | 陕西纺织企业并购重组下的资源整合与配置及协同创新问题研究 | 西安工程大学 | 张克英、郭伟、李仰东、姜铸、李军训、李霞、吴晓曼、杨瑶盼、李蕊 |

## 三等奖

| 序号 | 项目名称 | 主要完成单位 | 主要完成人 |
|---|---|---|---|
| 1 | 超高强高光洁特种纺织品制造关键技术 | 湖北枫树线业有限公司、武汉纺织大学 | 陈晓林、朱文清、张如全、韩习云、李建强、武继松、夏金文 |
| 2 | 抗菌汽车内饰纺织品的开发 | 山东岱银纺织集团股份有限公司 | 李广军、谢松才、亓焕军、赵鹏勃、赵兴波、刘军明、刘月刚 |
| 3 | 高支凉感导湿纱线的技术研究及产品开发 | 德州华源生态科技有限公司 | 王利军、姚园园、刘明哲、刘磊、杜云霄 |
| 4 | 喷水织机用高支高强力纤维素纤维混纺纱线研发及产业化关键技术 | 苏州震纶棉纺有限公司、江南大学 | 吴建坤、乔辉、刘新金、郑峰、苏旭中、俞金明、谢春萍 |
| 5 | 芳砜纶火灾防护用品的研发及应用 | 上海新联纺进出口有限公司、上海特安纶纤维有限公司 | 周明华、王锋华、黄勤、殷庆永、李岚、潘惠频、刘俊杰 |
| 6 | 单面导湿和光致发光双面纺织材料的研发 | 福建华峰新材料有限公司、闽江学院 | 卓丽琼、李永贵、杨德华 |
| 7 | 新型真丝绸产品工业化加工关键技术开发及应用 | 苏州新民纺织有限公司、苏州大学 | 张振雄、唐人成、顾益明、计红梅、柳维特、许虹 |
| 8 | 新型弹力真丝织物研制开发 | 达利（中国）有限公司、浙江理工大学 | 余志成、吴岚、王晓芳、刘莹、齐红勇、何岗、王彩 |
| 9 | 超弹性随意形变无缝内衣面料织染技术研究及产业化 | 浙江俏尔婷婷服饰有限公司 | 梁佳钧、高颖媛、赵秀武、朱小丽、范艳林、夏金晶、范古椿 |
| 10 | 聚酰亚胺短纤维多功能功能针织产品关键技术的研发 | 上海帕兰朵纺织科技发展有限公司、北京金轮沃德科技有限公司、中国针织工业协会 | 方国平、杨艳、瞿静、杨伟华、高小明、周波、蒋伟文 |
| 11 | 精纺毛织物双面功能整理技术研发及应用 | 江苏阳光股份有限公司 | 陈丽芬、赵先丽、曹秀明、陆芳、何良、赵将、周庆荣 |

续表

| 序号 | 项目名称 | 主要完成单位 | 主要完成人 |
|---|---|---|---|
| 12 | 高密轻薄多功能针织面料技术研究及产业化 | 上海嘉麟杰纺织品股份有限公司、苏州工业园区圣欧纺织有限公司 | 杨启东、王俊丽、瞿静、林立虎、夏磊、陈彦、刘影 |
| 13 | 聚酯共聚改性及新型化纤关键技术 | 浙江恒逸高新材料有限公司、浙江理工大学、东华大学 | 徐锦龙、王华平、张顺花、缪国华、吉鹏、李建武、王朝生 |
| 14 | 全消光涤纶长丝熔体直纺柔性关键技术及产品开发 | 新凤鸣集团股份有限公司、浙江科技学院 | 庄耀中、崔利、沈健彧、郑永伟、吴阿林、赵春财、刘春福 |
| 15 | 粗旦导电纤维单丝一步法纺丝成套技术开发 | 北京中纺优丝特种纤维科技有限公司、凯泰特种纤维科技有限公司、中国纺织科学研究院 | 焦红娟、王勇、许志强、李睿、刘建兵、高扬、杨春喜 |
| 16 | 环保型再生负离子远红外阻燃涤纶短纤维制备技术及应用 | 张家港市安顺科技发展有限公司、燕山大学、四川东材科技集团股份有限公司、成都彩虹电器（集团）股份有限公司 | 李纪安、李青山、梁倩倩、刘斌 |
| 17 | 低缩率复合纤维（ITY）的研制与产业化技术 | 桐昆集团浙江恒盛化纤有限公司 | 李圣军、卢新宇、于汉青、马晓伦、沈惠丽、陆云飞、庄剑锋 |
| 18 | 多场耦合静电纺纳米纤维关键制备技术及其应用开发 | 苏州大学、东华大学、南通百博丝纳米科技有限公司 | 徐岚、刘福娟、王萍、何吉欢、张岩、何春辉 |
| 19 | 高强度涤纶超纤针刺技术 | 浙江梅盛实业股份有限公司、天津工业大学、北京服装学院 | 钱国春、钱晓明、龚龑、宋兵、景亚鸿、林国武、李敏 |
| 20 | 功能性纺熔非织造材料研发及产业化 | 苏州宝丽洁纳米材料科技股份有限公司 | 邱邦胜、朱云斌、徐勉、肖春晓、廖纯林、葛杨 |
| 21 | 常压等离子体处理在纺织品生态染整加工中的应用及基础研究 | 浙江理工大学、浙江雀屏纺织化工股份有限公司 | 李永强、邵建中、许海军、陈光良、周岚、柴丽琴、黄益 |
| 22 | POSS/聚合物纳米复合材料制备及在空气净化纺织品上的应用 | 恒源祥（集团）有限公司 | 刘瑞旗、陈忠伟、何爱芳、邱洪生、王慧 |

续表

| 序号 | 项目名称 | 主要完成单位 | 主要完成人 |
|---|---|---|---|
| 23 | 染料印花用环保型合成增稠剂的研究 | 四川省纺织科学研究院、四川益欣科技有限责任公司、绵阳佳禧印染有限责任公司、遂宁市新绿洲印染有限公司 | 罗艳辉、韩丽娟、吴晋川、樊武厚、胡志强、文多明、罗思清 |
| 24 | 防霉抗菌真丝绸壁纸的研发及产业化 | 杭州万事利丝绸科技有限公司、浙江理工大学 | 周劲锋、姚菊明、马廷方、余厚咏、李练、田雪、张梅飞 |
| 25 | 无甲醛纯棉机织粘合衬关键技术研发及产业化 | 南通海汇科技发展有限公司、南通大学 | 曹平、王春梅、朱红耀、黄俊、姜伟、杨静新、曾燕 |
| 26 | 生态纺织涂层技术及其在商标带上的应用 | 湖州新利商标制带有限公司、浙江理工大学 | 吴耀东、郑今欢、潘叶华、黄梦礼、吴根土、祝成炎、陈冠鸿 |
| 27 | 环保功能性丝绸产品研究与开发 | 达利（中国）有限公司、浙江理工大学 | 吴岚、余志成、王晓芳、杨斌、陶尧定、王明亮、钱士明 |
| 28 | 棉织物的丝蛋白生态复合功能整理技术 | 中原工学院 | 崔世忠、何建新、张一风、王东伟、贾国新、周伟涛 |
| 29 | 纺织退浆废水中的聚乙烯醇浆料（PVA）的回收利用技术 | 广东溢达纺织有限公司 | 张玉高、邱孝群、陈新福、梁泽锋 |
| 30 | 棉针织物生物酶冷轧堆印染清洁生产技术研究 | 清华大学、北京国环清华环境工程设计研究院有限公司、常州吉麦机械有限公司、江苏坤风纺织品有限公司 | 周律、郭世良、汪诚文、赵雪锋、葛宏凯、张志坤、陈海林 |
| 31 | 节能减排型高效分散黑复配染料的开发与产业化 | 盐城工业职业技术学院、江苏之江化工有限公司 | 李萍、陆建焕、封怀兵、张艳、顾东雅 |
| 32 | 抗臭防汗迹系列功能性商务休闲内衣研发 | 青岛雪达集团有限公司、青岛益泉针织服装有限公司、青岛荣海服装有限公司 | 张世安、王显其、关燕、位国栋、李军华、李良、赵俊波 |
| 33 | JWF 1278 型精梳机 | 经纬纺织机械股份有限公司榆次分公司 | 张贵如、申永生、巩建兵、聂智良、范忠勇、柴正旺、刘秀珍 |
| 34 | L2000高速多针有梭绗缝机 | 天津宝盈电脑机械有限公司 | 李云云、吕新、李帅、李辉 |
| 35 | CS808棉花异纤清除机 | 陕西长岭纺织机电科技有限公司 | 张得旺、王朝旭、姜佳、周磊、李利辉、李彪、陆阳 |

续表

| 序号 | 项目名称 | 主要完成单位 | 主要完成人 |
|---|---|---|---|
| 36 | LGJ200B型全自动络筒理管机 | 江阴市凯业纺织机械制造有限公司 | 姚业冲、陈志新、祝健、薛德生、杨洪达、章弘权 |
| 37 | 蒸化机专用天然气燃烧器产业化开发及其应用示范 | 绍兴恒大热能科技有限公司、绍兴中纺院江南分院有限公司 | 崔桂新、张小云、白玲、方虹天、胡光庭、邵紫光、胡林夫 |
| 38 | 全自动电脑无虚线提花横机的研究及应用推广 | 南京天元数控设备制造有限责任公司、南通市德立软件有限公司、内蒙古鄂尔多斯羊绒集团有限责任公司 | 张梅荣、李登高、冯加林、冯天元、巫友群、陈家林、王友 |
| 39 | YJ200/210系列弹簧加压摇架 | 常德纺织机械有限公司摇架分公司 | 宋浩、黄永平、彭舜、陈敏、刘昌勇、陈子辉 |
| 40 | YC28电子清纱器 | 江苏圣蓝科技有限公司 | 杨敏、王建禄、程继红、彭程、何迪、谢宏、郭威 |
| 41 | 基于电子商务的数字化服装设计、定制系统研发和产业化推广应用 | 上海工程技术大学、上海三枪集团有限公司 | 胡守忠、田丙强、黄翔、任海舟、谢红、徐增波、李艳梅 |
| 42 | 防护材料抗辐射热渗透性能试验仪的研制 | 山东省纺织科学研究院 | 杨成丽、付伟、冯洪成、李政、许曙亮 |
| 43 | 自动轧棉在线检控关键技术的应用 | 东华大学、塔里木大学、新疆巴音郭楞蒙古自治州纤维检验所、江南大学 | 陈晓川、李勇、吴炜、汪军、周建、吴明清、弋晓康 |
| 44 | 化学防护服液密性测试系统 | 陕西省纺织科学研究所 | 赵新平、徐远志、穆岩、陈波、韩祥 |
| 45 | 基于计算机视觉技术的山羊绒手排长度测试仪的研制 | 内蒙古自治区纤维检验局 | 王莉、田文亮、徐绚绚、吕晓红 |
| 46 | 织物缺陷智能检测与分析关键技术及应用 | 中原工学院 | 刘洲峰、丁淑敏、朱永胜、董燕、李春雷、张爱华、常怡萍 |
| 47 | 基于功能因子的纺织品安全性评价及检测方法的研究 | 东华大学、上海出入境检验检疫局工业品与原材料检测技术中心、佛山市南海南方技术创新中心有限公司 | 薛文良、魏孟媛、唐敏峰、和杉杉、袁志磊、陈革、刘芳 |
| 48 | 国产等效 AATCC 10#多纤维标准贴衬织物的研制 | 上海市纺织工业技术监督所 | 张新民、俞伟琴、胡坚、沈颖怡、张晟涛、宋玲玲、郑志俊 |

续表

| 序号 | 项目名称 | 主要完成单位 | 主要完成人 |
|---|---|---|---|
| 49 | FZ/T 99014—2014《纺织机械电气设备通用技术条件》 | 北京经纬纺机新技术有限公司、经纬股份纺织机械有限公司榆次分公司、青岛宏大纺织机械有限责任公司、天津宏大纺织机械有限公司、宏大研究院有限公司 | 武艳红、赵关红、邵松娟、许丽珍、胡弘波、王海英、赵利 |
| 50 | 近红外光谱技术在纤维含量快速测定推广应用中的关键技术研究 | 中山出入境检验检疫局、江西出入境检验检疫局检验检疫综合技术中心、广东出入境检验检疫局检验检疫技术中心、河北出入境检验检疫局检验检疫技术中心 | 王京力、赵珍玉、朱军燕、耿响、张晓利、徐霞、孙克强 |
| 51 | 纺织品中禁用偶氮染料快速检测技术的建立及应用 | 江苏出入境检验检疫局工业产品检测中心、江苏省检验检疫科学技术研究院 | 曹锡忠、吴丽娜、钱凯、丁友超、周静珠、王晓琼、周静洁 |
| 52 | 功能性纺织品检测方法与评价标准的研究 | 中纺标检验认证有限公司、纺织工业科学技术发展中心、深圳康益保健用品有限公司、杭州天堂伞业集团有限公司、温州市大荣纺织仪器有限公司 | 章辉、刘飞飞、斯颖、王欢、王国建、郑宇英、徐路 |
| 53 | GB/T 30156和GB/T 30158纺织附件镍释放量测定系列标准 | 宁波出入境检验检疫局检验检疫技术中心、约克夏染料（中山）有限公司、江苏出入境检验检疫局工业产品检测中心 | 傅科杰、冯云、丁友超、李峥嵘、保琦蓓、张智慧、任清庆 |
| 54 | 《产业政策与纺织经济研究（2006~2010）》 | 中国纺织经济研究中心、中纺网络信息技术有限责任公司、上海市纺织原料公司、河南工程学院、中国纺织出版社 | 田丽、刘欣、郑伯华、程晧、段文平、高顺成、秦丹红 |
| 55 | 纺织学科群对接产业集群协同创新研究 | 西安工程大学 | 王进富、刘江南、章玉铭、邵景峰、黄鹏飞 |
| 56 | 数据智能挖掘技术在纺织服装质量安全风险管理中的研究与应用 | 上海出入境检验检疫局工业品与原材料检测技术中心、东华大学、上海浦江出入境检验检疫局 | 魏孟媛、谢秋慧、刘芳、薛文良、彭程程、田宇晨、王涛 |

# 2017 年度中国纺织工业联合会科学技术奖
## 一等奖

| 序号 | 项目名称 | 主要完成单位 | 主要完成人 |
|---|---|---|---|
| 1 | 活性染料无盐染色关键技术研发与产业化应用 | 青岛大学、愉悦家纺有限公司、天津工业大学、孚日集团股份有限公司、上海安诺其集团股份有限公司、华纺股份有限公司、鲁丰织染有限公司、山东黄河三角洲纺织科技研究院有限公司、 | 房宽峻、刘秀明、李付杰、门雅静、纪立军、罗维新、林凯、张建祥、蔡文言、巩继贤、石振、田立波、陈凯玲、张战旗、李春光 |
| 2 | 产业用编织物特种编织技术与装备及其产业化 | 东华大学、徐州恒辉编织机械有限公司 | 孙以泽、孟婵、季诚昌、韩百峰、陈兵、陈玉洁、刘建峰、孙志军、仇尊波、张玉井、刘磊、李培波、郜欣甫、姚灵灵、扈昕瞳 |
| 3 | 基于机器视觉的织物智能整花整纬技术产业化研究及应用 | 常州市宏大电气有限公司、清华大学、江苏联发纺织股份有限公司 | 顾金华、朱剑东、吴冠豪、顾丽娟、肖凯、刘兵、刘伟、宋淑娟、周思宇、徐光耀、卢焦生、夏万洋、卢荣清 |
| 4 | 极细金属丝经编生产关键技术及在大型可展开柔性星载天线上的应用 | 东华大学、西安空间无线电技术研究所、五洋纺机有限公司、江苏润源控股集团有限公司、常州市第八纺织机械有限公司 | 陈南梁、马小飞、蒋金华、邵光伟、傅婷、冀有志、张晨曙、王敏其、王占洪、谈昆伦、徐海燕、贾伟、邵慧奇、张磊、林芳兵 |
| 5 | 色织产业颜色数字化关键技术的研究与应用 | 鲁泰纺织股份有限公司、香港理工大学、东华大学、浙江大学 | 张瑞云、刘淑云、忻浩忠、张建祥、沈金良、纪峰、王家宾、高迎春、薛文良、孙芳、宋心、马颜雪、姚鹏鹏、张杰 |
| 6 | 大容量锦纶6聚合、柔性添加及全量回用工程关键技术 | 福建中锦新材料有限公司、湖南师范大学 | 吴道斌、易春旺、陈万钟、郑载禄、瞿亚平、林孝谋、潘永超、王子强、彭舒敏、刘冰灵、詹俊杰、张良铖 |
| 7 | 废旧聚酯纤维高效高值化再生及产业化 | 浙江绿宇环保股份有限公司、宁波大发化纤有限公司、优彩环保资源科技股份有限公司、东华大学、浙江理工大学、中原工学院 | 王华平、钱军、张朔、戴泽新、陈文兴、王少博、陈烨、石教学、邢喜全、王学利、戴梦茜、姚强、王方河、王朝生、张须臻 |
| 8 | 工业烟尘超净排放用节能型水刺滤料关键技术研发及产业化 | 南京际华三五二一特种装备有限公司、江南大学 | 夏前军、邓炳耀、于淼涵、何丽芬、刘建祥、何文荣、刘庆生、徐新杰、张国富、郁宗琪 |

续表

| 序号 | 项目名称 | 主要完成单位 | 主要完成人 |
|---|---|---|---|
| 9 | 共混热致聚合物基麻纤维增强复合材料制备技术与应用 | 长春博超汽车零部件股份有限公司、中央军委后勤保障部军需装备研究所、吉林大学、天津工业大学 | 刘雪强、潘国立、李志刚、窦艳丽、王春红、张长琦、严自力、马继群、来侃、杨涵、冯新星、管志平、王瑞、王杰、任子龙 |
| 10 | 聚丙烯腈长丝及导电纤维产业化关键技术 | 常熟市翔鹰特纤有限公司、东华大学、中国石油天然气股份有限公司大庆石化分公司 | 陶文祥、陈烨、王华平、曲顺利、徐洁、王蒙鸽、张玉梅、王彪、郭宗镭、徐静、邢宏斌、刘涛 |
| 11 | 数字化棉纺成套设备 | 经纬纺织机械股份有限公司、江苏大生集团有限公司 | 杨华明、耿佃云、金宏健、沈健宏、马晓辉、出克勤、赵云波、郝霄鹏、刘兰生、李增润、郭东亮、庞志红、赵志华、张红梅、朱朝华 |
| 12 | 新型高效针织横机电脑控制系统 | 福建睿能科技股份有限公司 | 唐宝桃、张国利、林杰、黄盛桦、魏永祥、杨与增、张征、陈云辉、徐志望、林云鹏、许志远 |

## 二等奖

| 序号 | 项目名称 | 主要完成单位 | 主要完成人 |
|---|---|---|---|
| 1 | 异型超短再生纤维素纤维关键技术研发 | 唐山三友集团兴达化纤有限公司 | 么志高、杨爱中、赵秀媛、孙郑军、郑付杰、刘辉、冯林波、韩绍辉、董杰、韦吉伦 |
| 2 | 梳状高分子相变材料制备及其储热纤维的研究与开发 | 天津工业大学、中国科学院化学研究所、江苏腾盛纺织科技集团有限公司 | 石海峰、王海霞、张兴祥、王笃金、赵莹、马帮奎、袁胎生 |
| 3 | 废聚酯瓶片料生产再生涤纶BCF膨化长丝关键技术及产业化 | 龙福环能科技股份有限公司 | 段建国、郭利、冯希泉、王云平、王登勋、邸刚利、马云兵、王耀村、相恒学、刘玉文 |
| 4 | 生物基石墨烯宏量制备及石墨烯在功能纤维中的产业化应用 | 济南圣泉集团股份有限公司、东华大学、青岛大学、黑龙江大学 | 唐地源、曲丽君、张金柱、付宏刚、唐一林、王双成、王朝生、郑应福、吕冬生、马君志 |
| 5 | 纯金属纤维织造和系列金属化防护面料关键技术及产业化 | 中原工学院、保定三源纺织科技有限公司、青岛天银纺织科技有限公司 | 朱方龙、赵阿卿、马晓红、卜庆革、房戈、张艳梅、李克兢、刘让同、李君芳、冯倩倩 |

续表

| 序号 | 项目名称 | 主要完成单位 | 主要完成人 |
|---|---|---|---|
| 6 | 大隔距充气材料制备关键技术及产业化 | 浙江宇立新材料有限公司、江南大学 | 马丕波、蒋高明、张建平、缪旭红、何红平、陈晴 |
| 7 | 基于镍铁纤维多功能吸波织物的开发 | 河北科技大学、河北滋森纺织有限公司、石家庄明大新工贸有限公司、河北神惠纺织有限公司 | 魏赛男、石宝、李向红、张威、刘海文、于秀娟、姚越、马会国 |
| 8 | 矿用高强度阻燃回撤整体假顶网研发和应用 | 浩珂科技有限公司 | 崔金声、江占堂、李钊、张园园、韩广东、王猛猛、孔凡祥、岳民 |
| 9 | 高性能聚酰胺复合膜制备关键技术及产业化 | 天津工业大学、山东九章膜技术有限公司、天津珑源新材料科技有限公司 | 王薇、张宇峰、陈英波、刘冬青、杜润红、倪磊、王双、蔡相宇、于浩、何本桥 |
| 10 | 导电间位芳纶制备关键技术及其在防静电阻燃服中的应用 | 中国石油化工集团公司劳动防护用品检测中心、烟台泰和新材料股份有限公司、宜禾股份有限公司 | 王观军、宋西全、于新民、毕景中、刘灵灵、盛华、马金芳、杨雷、陈磊、任晓辉 |
| 11 | 基于粒度可控高吸光性分散染料涤纶特黑染色关键技术及产业化 | 绍兴文理学院、浙江红绿蓝纺织印染有限公司 | 刘越、陈宇鸣、陈丰、赵雪、胡玲玲、贾玉梅、钱红飞、王维明、黄新明、虞波 |
| 12 | 基于生物酶改性的功能羊毛关键技术 | 南通大学、东华大学、江苏顺远新材料科技股份有限公司 | 张瑞萍、蔡再生、张小丽、张贤国、洪约利 |
| 13 | 面向环境净化的光催化功能性纺织品制备关键技术及产业化 | 天津工业大学、中纺院（浙江）技术研究院有限公司、江苏腾盛纺织科技集团有限公司、北京中纺化工股份有限公司、广西出入境检验检疫局检验检疫技术中心 | 董永春、崔桂新、李瀚宇、滕召部、李冰、刘春燕、马帮奎、王鹏、唐焕林 |
| 14 | 阳离子型水性聚氨酯固色剂的研发及应用 | 西安工程大学 | 樊增禄、李庆、习智华、朱文庆、蔡信彬 |
| 15 | 活性染料染色残液三相旋流连续脱色与再生盐水循环技术及其产业化 | 新疆如意纺织服装有限公司、山东如意科技集团有限公司、山东神邦环保科技有限公司 | 邱亚夫、韦节彬、李世琪、丁彩玲、刘奎东、张印堂、王强、张佐平、陈超、田健 |
| 16 | 提升丝绸数码印花品质的工程改造与关键技术研究 | 万事利集团有限公司、浙江理工大学 | 马廷方、姚菊明、周劲锋、余厚咏、张梅飞、李双忠、方浩雁、林旭、陈妮 |
| 17 | 超薄型抗紫外多功能面料关键技术及产业化 | 丹东优耐特纺织品有限公司、探路者控股集团股份有限公司 | 李晓霞、陈百顺、张迎春、宋宏波、孟雅贤、刘贝、韩庆、葛川、陈丽颖、张悦 |

续表

| 序号 | 项目名称 | 主要完成单位 | 主要完成人 |
|---|---|---|---|
| 18 | 经纬双弹轻薄机织免烫衬衣面料关键技术研发及产业化应用 | 鲁丰织染有限公司、鲁泰纺织股份有限公司 | 张战旗、王德振、许秋生、王方水、齐元章、仲伟浩、王辉、宋琳、于滨、邵珠珍 |
| 19 | 新型可变任意花回多用途圆网印花机及产业化应用 | 西安工程大学、西安德高印染自动化工程有限公司 | 李鹏飞、楚建安、景军锋、李法建、员亚朋、张世杰、王晓华、苏泽斌、张永、焦哲 |
| 20 | TH598J集聚纺自动落纱细纱机 | 常州市同和纺织机械制造有限公司 | 唐国新、顾鸿奎、朱建厦、徐兆山、黄新伟、滕彬、高青芸、崔翔、周镭、王涛 |
| 21 | K3502A大卷装高效地毯丝加捻机 | 宜昌经纬纺机有限公司 | 杨华明、朱顺双、汪斌、张明、杨华年、陈文涛、许金甲、刘娅娥 |
| 22 | 针织成形鞋材生产装备关键技术及产业化 | 江南大学、江苏金龙科技股份有限公司、福建佶龙机械科技股份有限公司 | 蒋高明、丛洪莲、夏风林、张琦、张爱军、郑宝平、张燕婷、缪旭红、金永良、杨兴财 |
| 23 | 多层立体织物机织装备与织造关键技术及应用 | 天津工业大学、经纬纺织机械股份有限公司榆次分公司、北京航空制造工程研究所、常州市悦腾机械有限公司、常州帝威复合新材料有限公司 | 蒋秀明、杨建成、张牧、张澄、王至昶、张艳芳、马金瑞、李丹丹、陈云军、赵宏 |
| 24 | 纺织品水分蒸发检验仪器研究与开发 | 天纺标检测科技有限公司、温州方圆仪器有限公司 | 单学蕾、程剑、葛传兵、单丽娟、朱克传、万捷、赵晖、李维斌 |
| 25 | HTBW-01筒纱智能包装物流系统 | 赛特环球机械（青岛）有限公司、青岛环球集团股份有限公司 | 崔桂华、王森栋、马恒印、刘增喜、王成吉、马敏、逄健克、孙杰、赵天洁 |
| 26 | 高效多层裁剪系统 | 杭州爱科科技有限公司 | 方云科、张东升、伍郁杰、白燕、帅宝玉、丁威、苏冬、张传乐、濮元强、毛海民 |
| 27 | 牛仔服装环境友好智能化生产关键技术开发与集成 | 广东爱斯达智能科技有限公司、武汉纺织大学、江西服装学院、广东省均安牛仔服装研究院、湖北爱斯达数据分析有限公司 | 易长海、樊友斌、徐杰、徐飞标、陈娟芬、田磊、刘雪亭、何正磊、田野、陈国强 |
| 28 | 构筑健康睡眠微环境功能家纺产品的集成技术研发及产业化 | 江苏金人阳纺织科技股份有限公司 | 袁洪胜、丁可敬、陈红霞、自字良、唐虹、胡青青、钟婧、毛军、陆鹏、葛乃君 |
| 29 | 纺织产品及原料高效检测技术研究及应用 | 山东出入境检验检疫局检验检疫技术中心 | 叶曦雯、牛增元、王铭、罗忻、高永刚、薛秋红 |

续表

| 序号 | 项目名称 | 主要完成单位 | 主要完成人 |
|---|---|---|---|
| 30 | 多元色纺休闲面料精准设计及集成加工技术 | 南通大学、南通东帝纺织品有限公司、江南大学、江苏东帝纺织面料研究院有限公司 | 刘其霞、卢红卫、张余俊、季涛、俞科静、钱坤、叶伟、高强、严雪峰、曹振清 |
| 31 | 特种桑蚕丝及混纺织物关键技术研究和提花产品开发 | 达利丝绸（浙江）有限公司、浙江理工大学 | 祝成炎、丁圆圆、张红霞、寇勇琦、林平、俞丹、李艳清、田伟、雷斌、李启正 |
| 32 | 高导热化纤长丝及其新型凉感织物生产关键技术 | 江阴市红柳被单厂有限公司、湖南中泰特种装备有限责任公司、温州方圆仪器有限公司 | 肖红、黄磊、高波、程剑、槐向兵、代国亮、王翰林、周运波、张远军、庄嘉齐 |
| 33 | 光谱法快速检测山羊绒技术研究 | 内蒙古自治区纤维检验局、北京化工大学、西派特（北京）科技有限公司 | 王莉、袁洪福、田文亮、庞立波、宋春风、徐绚绚、邱瑞卿 |
| 34 | 高仿真精纺面料数字设计技术研究与应用 | 山东济宁如意毛纺织股份有限公司、西安工程大学、山东如意科技集团有限公司 | 杜元姝、石美红、赵辉、祝双武、王彦兰、朱欣娟、王春兰、高晓娟、李春霞、马静 |
| 35 | 基于数码织造技术的经典丝绸织物的研发及产业化协同生产 | 浙江丝绸科技有限公司 | 王海平、方卫东、孙锦华、王宝发、李淳、俞建成、周建 |
| 36 | 服用汉麻纺织品的功能性强化技术及其生产工艺研发 | 宁波检验检疫科学技术研究院、雅戈尔集团股份有限公司、浙江出入境检验检疫局检验检疫技术中心 | 傅科杰、保琦蓓、王庆淼、吴刚、冯云、任清庆、杨力生、马慧 |

## 三等奖

| 序号 | 项目名称 | 主要完成单位 | 主要完成人 |
|---|---|---|---|
| 1 | 水处理功能用涤纶工业长丝的技术开发 | 浙江海利得新材料股份有限公司 | 马鹏程、顾锋、孙永明 |
| 2 | PBT预取向丝的研制与产业化技术 | 桐昆集团股份有限公司 | 俞洋、屈汉巨、李国元、杨卫星、杨金良、屠海燕、劳海英 |
| 3 | PA6/PE定岛型海岛纤维及超细纤维革基布的研发及产业化 | 泉州万华世旺超纤有限责任公司、北京服装学院 | 李革、王锐、蔡鲁江、朱志国、曾跃民、李杰、吴发庆 |
| 4 | 可循环再生生物质酪素纤维关键技术研发 | 上海正家牛奶丝科技有限公司 | 郑宇、许振雷、王爱兵、马洁、陈池明、朱小云、王伟志 |

续表

| 序号 | 项目名称 | 主要完成单位 | 主要完成人 |
| --- | --- | --- | --- |
| 5 | 多功能纳米复合阻燃聚酯纤维关键技术及产业化 | 上海德福伦化纤有限公司、东华大学 | 周哲、刘萍、闫吉付、冯忠耀、相恒学、陆育明、李东华 |
| 6 | 汽车内饰用超纤新材料产业化 | 福建华阳超纤有限公司 | 张哲、黄东梅、冉斌、孙灿、邬花元、刘晓春、张艳 |
| 7 | 净化PM2.5高性能聚四氟乙烯覆膜滤料关键技术及其应用 | 上海市凌桥环保设备厂有限公司 | 黄斌香、陈观福寿、顾根林、陈璀君、冷瑞娟、周强、林诚华 |
| 8 | 超纤麂皮面料生产技术的研发 | 浙江梅盛实业股份有限公司、北京服装学院、杭州清标环保科技有限公司、中原工学院 | 钱国春、龚獒、张迎晨、钱国恩、张宝弟、高国良、林国武 |
| 9 | 生态化舒适性超纤服装革面料的技术开发及产业化应用 | 山东同大海岛新材料股份有限公司、陕西科技大学 | 王乐智、强涛涛、郑永贵、张丰杰、董瑞华、马丽豪、王吉杰 |
| 10 | 隧道用耐高温耐腐蚀工程材料技术开发及产业化应用 | 宏祥新材料股份有限公司 | 崔占明、孟灵晋、刘好武、王静、郑衍水、孟灵健 |
| 11 | 新型立体朦胧印花牛仔布印染工艺的研发及产业化 | 浙江富润印染有限公司 | 王益峰、孙旭安、项敬国、许伟伟、顾正兴、赵玉宇、郑康 |
| 12 | 绿色防异味纺织新产品开发与测试关键技术 | 浙江出入境检验检疫局检验检疫技术中心、东华大学、诸暨市弘源针纺织品有限公司 | 谢维斌、吴俭俭、董锁拽、杜鹃、陈水林、吴张江、董晓雯 |
| 13 | 服装成衣调温、抗菌、自清洁整理关键技术及装备的研究与开发 | 中原工学院、广东鹏运实业有限公司 | 汪秀琛、吴咏鹏、刘哲、吴锡波、胡洛燕、庹武、吴浩生 |
| 14 | 电力行业防电弧伤害系列面料关键技术研究 | 陕西元丰纺织技术研究有限公司 | 张生辉、樊争科、肖秋利、孙凯飞、陈忠涛 |
| 15 | 具有立体效果的免烫女装衬衫及其生产方法 | 广东溢达纺织有限公司 | 张玉高、周立明、袁辉、张润明、刘慧荣、卢利军 |
| 16 | 宽幅涤纶家纺面料高效短流程染整关键技术开发及产业化 | 莱美科技股份有限公司、浙江理工大学 | 蒋志新、蒋谨繁、张超民、沈一峰、姜建堂、杨雷、朱林 |

续表

| 序号 | 项目名称 | 主要完成单位 | 主要完成人 |
|---|---|---|---|
| 17 | 经编短毛绒组合印花技术与应用 | 浙江恒生印染有限公司 | 蒋月亚、陈海峰、班辉、施洪冈、沈群、高联洪 |
| 18 | 高品质涂料印花助剂及应用技术开发 | 浙江理工大学、中纺院（浙江）技术研究院有限公司、浙江亚太特宽幅印染有限公司、浙江富润印染有限公司 | 邵建中、吴明华、崔桂新、杨安心、傅国柱、易玲敏、周岚 |
| 19 | 真丝纱线纳米硅溶胶增深染色技术开发及应用推广 | 浙江理工大学、浙江雅士林领带服饰有限公司、浙江宇达化工有限公司 | 杨雷、吴桂红、范飞娜、章浩龙、赵强强、沈一峰、姜建堂 |
| 20 | 纺织品/合成革用新型水性聚氨酯的制备及其产业化 | 杭州传化精细化工有限公司、传化智联股份有限公司 | 王小君、余冬梅、陈八斤、王胜鹏、于得海、於伟刚、傅幼林 |
| 21 | SME472W双辊四次烫光机 | 江苏鹰游纺机有限公司 | 张斯纬、张家秀、刘秀娟、孙忠文、钱诗进、刘永平、惠永明 |
| 22 | JWF1213型梳棉机的研发 | 青岛宏大纺织机械有限责任公司 | 赵云波、倪敬达、徐丰军、李界宏、杨秋兰、杨锐彪、纪秀乾 |
| 23 | RS30C半自动转杯纺纱机 | 浙江日发纺织机械股份有限公司 | 俞韩忠、徐剑锋、梁合意、黄恒强、许亮、潘乐、潘凯凯 |
| 24 | 防化学渗透性能试验仪的研制 | 山东省纺织科学研究院、山东省特种纺织品加工技术重点实验室 | 杨成丽、刘壮、李娟娟、李政、胡尊芳、郭利、宋元泽 |
| 25 | FA130型异性纤维检出机 | 青岛东佳纺机（集团）有限公司 | 刘钦超、纪合聚、张志刚、杨效慧、杨同义、郭瑞勇、刘长梅 |
| 26 | 牛仔服装三维激光雕花机 | 武汉金运激光股份有限公司、武汉纺织大学 | 冷长荣、生鸿飞、王峰、易长海、罗青生、左丹英、邓晓军 |
| 27 | 新型人工物联网电子尺测量系统 | 厦门十一街信息科技有限公司、中国纺织信息中心、中纺协（北京）检验技术服务有限公司、中国纺织工程学会 | 王春林、李宏刚、杨萍、张明龙、贺志鹏、李娟、李京龙 |
| 28 | 织物（玻璃纤维布）表面缺陷在线智能检测与质量管理系统 | 西安工程大学、西安获德图像技术有限公司 | 景军锋、赵瑾、李鹏飞、高原、李珣、洪良、刘薇 |

续表

| 序号 | 项目名称 | 主要完成单位 | 主要完成人 |
|---|---|---|---|
| 29 | 三维复合石墨烯材料智能服装系统的开发与产业化应用 | 北京创新爱尚家科技股份有限公司 | 陈利军、刘艳雷、詹永全、王国龙、汤淇楷、郑昌勇 |
| 30 | 针织绒类面料高效绿色生产关键技术及产业化 | 江南大学、海安启弘纺织科技有限公司、江苏聚杰微纤科技集团股份有限公司、无锡贝旭环球电子商务有限公司 | 蒋高明、马丕波、万爱兰、吴志明、缪旭红、陈晴、丛洪莲 |
| 31 | PBO纤维应用关键技术研究及产品开发 | 陕西省纺织科学研究院 | 马新安、蔡普宁、张莹 |
| 32 | 一种介入式合股彩色竹节纱的生产方法 | 山东岱银纺织集团股份有限公司 | 赵焕臣、李广军、谢松才、王长青、李红、宋勇、吴成涛 |
| 33 | 高档定心支片用间位芳纶纱线的技术研究及产品开发 | 德州华源生态科技有限公司 | 王利军、张文文、刘磊、宋景芝、张宝光、杨晓艳 |
| 34 | 流星纱关键加工技术研究及应用 | 汶上如意技术纺织有限公司 | 纵玉华、张红梅、张翠梅、崔本亮、刘爱菊 |
| 35 | 无缝针织物抗风阻关键技术研究及功能性运动服研发 | 浙江理工大学、浙江棒杰数码针织品股份有限公司 | 金子敏、王怡、阎玉秀、陶建伟、丁笑君、陶士青 |
| 36 | 纳米微晶功能性高支羊绒混纺针织品研发及产业化 | 江苏联宏纺织有限公司、苏州大学、江苏纳盾科技有限公司 | 查小刚、郑敏、王作山、李玉梅、肖建波、陆翠玲 |
| 37 | 蚕丝被质量监控和检测关键技术开发及推广 | 苏州市纤维检验所、国家丝绸及服装产品质量监督检验中心 | 杭志伟、周小进、薛正元、刘伟、陆坤泉、郭建峰、王海娟 |
| 38 | 高品质、清洁化、短流程亚麻生活科技产品的产业化开发 | 盐城工业职业技术学院、江苏华信亚麻纺织有限公司、江苏省盐城技师学院 | 瞿才新、王雅琴、张国兵、王可、邓先宝、王曙东、马倩 |
| 39 | 一种涤纶仿麻高强沙发面料的研究与开发 | 吴江福华织造有限公司 | 肖燕、吴庆、李茂明、李海燕、胡国东 |
| 40 | 舒适易护理多组分羊毛纬编制品关键技术研究及产业化 | 上海嘉麟杰纺织品股份有限公司 | 杨启东、王俊丽、赖俊杰、刘小梅、朱家圳、刘影、孟丹蕊 |

## 2018 年度中国纺织工业联合会科学技术奖
### 一等奖

| 序号 | 项目名称 | 主要完成单位 | 主要完成人 |
|---|---|---|---|
| 1 | 高质高效环锭纺纱先进技术及装备与智能化技术的开发与应用 | 安徽华茂纺织股份有限公司、武汉纺织大学、常州市同和纺织机械制造有限公司、郑州轻工业学院、赛特环球机械（青岛）有限公司、经纬纺织机械股份有限公司、上海艾金空气设备有限公司 | 倪俊龙、徐卫林、左志鹏、杨圣明、王永华、崔桂生、叶茂新、赵传福、孙善标、胡学梅、徐小光、王结霞、周强、叶葳、江伟 |
| 2 | 国产化Lyocell纤维产业化成套技术及装备研发 | 中国纺织科学研究院有限公司、中纺院绿色纤维股份公司、新乡化纤股份有限公司、北京中丽制机工程技术有限公司、宁夏恒达纺织科技股份有限公司 | 孙玉山、徐纪刚、程春祖、徐鸣风、赵庆章、贾保良、蔡剑、白瑛、迟克栋、邵长金、金云峰、骆强、郑玉成、李克元、安康 |
| 3 | 生物酶连续式羊毛快速防缩关键技术及产业化 | 天津工业大学、天津滨海东方科技有限公司、武汉纺织大学、天津市绿源天美科技有限公司、常熟市新光毛条处理有限公司、霸州市滨海东方科技有限公司 | 姚金波、刘建勇、杨万君、张伟民、万忠发、瞿韬、刘延波、瞿建德、陈荣江、曲敬、王乐、牛家嵘、陈翔、刘郁、蔡芳 |
| 4 | 牛仔服装洗水过程环境友好智能化关键技术的研究与应用 | 中山益达服装有限公司、武汉纺织大学、广东省均安牛仔服装研究院、江西服装学院 | 郑敏潇、易长海、叶银莹、徐杰、熊伟、王智、黄键龙、李其扬、廖建嘉、黄建兴、陈娟芬、田磊 |
| 5 | 双组分纺粘水刺非织造材料关键技术装备及应用开发 | 天津工业大学、大连华纶无纺设备工程有限公司、吉安市三江超纤无纺有限公司、安徽金春无纺布股份有限公司、郑州纺机工程技术有限公司、浙江梅盛实业股份有限公司、山东理工大学、陕西科技大学、浙江康成新材料科技有限公司、中原工学院 | 钱晓明、黄有佩、赵孝龙、徐志伟、曹松亭、刘延武、姜兆辉、钱国春、赵宝宝、宋卫民、马兴元、陈云铭、张恒、赵奕 |
| 6 | 超仿棉聚酯纤维及其纺织品产业化技术开发 | 中国纺织科学研究院有限公司、东华大学、中国石化仪征化纤有限责任公司、鲁丰织染有限公司、徐州斯尔克纤维科技股份有限公司、江阴市华宏化纤有限公司、江苏大生集团有限公司、江苏国望高科纤维有限公司、桐昆集团股份有限公司、江苏微笑新材料科技有限公司 | 李鑫、王学利、卢立勇、金剑、张瑞云、张战旗、孙德荣、吉鹏、邱志成、赵瑞芝、戴钧明、李志勇、张江波、唐俊松、沈富强 |

续表

| 序号 | 项目名称 | 主要完成单位 | 主要完成人 |
|---|---|---|---|
| 7 | 静电喷射沉积碳纳米管增强碳纤维及其复合材料关键制备技术与应用 | 天津工业大学、威海拓展纤维有限公司 | 程博闻、陈利、康卫民、徐志伟、周存、张国利、刘雍、刘玉军、王文义、王宝铭、刘皓、孙颖、陈磊、李磊、赵义侠 |
| 8 | 粗旦锦纶6单丝及分纤母丝纺牵一步法高速纺关键技术与装备 | 长乐恒申合纤科技有限公司、长乐力恒锦纶科技有限公司、东华大学 | 李发学、陈立军、刘智、丁闪明、吴德群、李云华、张振涛、高洁、袁如超、杨前方、毛行功、朱惠惠、赵杰 |
| 9 | 印花针织物低张力平幅连续水洗关键技术及装备研发 | 福建福田纺织印染科技有限公司、西安工程大学、绍兴东升数码科技有限公司 | 陈茂哲、贺江平、师文钊、尚玉栋、张伯洪、林英、刘瑾姝、田呈呈、邹杭良、陆少锋、黄永盛、赵川、黄良恩、何菊明、廖德春 |
| 10 | 经编全成形短流程生产关键技术及产业化 | 江南大学、江苏华宜针织有限公司、江苏润源控股集团有限公司 | 蒋高明、丛洪莲、董智佳、张爱军、张琦、张燕婷、高哲、储云明、储开元、刘莉萍 |
| 11 | 热塑性聚合物纳米纤维产业化关键技术及其在液体分离领域的应用 | 武汉纺织大学、昆山汇维新材料有限公司、联合滤洁流体过滤与分离技术（北京）有限公司、佛山市维晨科技有限公司 | 王栋、刘轲、李沐芳、赵青华、郭启浩、程盼、梅涛、罗刚、徐承彬、蒋海青、刘琼珍、王雯雯、王跃丹、鲁振坦、吴兆棉 |
| 12 | 经轴连续循环染色节水关键技术及产业化 | 浩沙实业（福建）有限公司、东华大学 | 付春林、谢孔良、高爱芹、王忠、侯爱芹、常向真、施鸿雁、胡婷莉、王玉新、孔令豪、施毅然、胡柳、张建昌、胡波、王平仔 |
| 13 | 高精密钢丝圈钢领产品及产业化技术开发 | 重庆金猫纺织器材有限公司 | 王可平、赵仁兵、肖华、冉美玲、解建军、夏兴容、周洋冰、田立杰、李东、雷旭、朱春扬、傅悦、谢英平 |
| 14 | 基于废棉纤维循环利用的点子纱开发关键技术及应用 | 百隆东方股份有限公司、江南大学 | 卫国、杨卫国、潘如如、唐佩君、曹燕春、孙丰鑫、韩晨晨、程四新、刘国奇、姜川、郭明瑞 |

| 序号 | 项目名称 | 主要完成单位 | 主要完成人 |
|---|---|---|---|
| 15 | 无乳胶环保地毯关键技术研究及产业化 | 滨州东方地毯有限公司、天津工业大学、青岛大学 | 董卫国、韩洪亮、张元明、崔旗、王书东、刘延辉、刘以海、陈安、王其美、吴立芬、苏勇、李祥林、徐庆杰、郭晓、李文娟 |
| 16 | 合成纤维织物一浴法印染废水循环染色技术及应用 | 石狮市万峰盛漂染织造有限公司 | 李接代、郑标钞、郑标游、李忠枝、李园枝、蔡飞挺、谢运明、涂铁军、余丰林、王金亮 |

## 二等奖

| 序号 | 项目名称 | 主要完成单位 | 主要完成人 |
|---|---|---|---|
| 1 | 涤纶迷彩防护伪装织物超高日晒分散染料热转移印花关键技术及应用 | 浙江盛发纺织印染有限公司、东华大学 | 顾浩、侯爱芹、谢孔良、杨文龙、高爱芹、方娟娟、孙旭东 |
| 2 | 硅丙乳液涂料印花粘合剂关键技术研发及产业化 | 传化智联股份有限公司、鲁丰织染有限公司、杭州传化精细化工有限公司 | 王胜鹏、张战旗、于本成、王德振、宋金星、齐元章、陈八斤、储昭华、兰淑仙、陈英英 |
| 3 | 高耐水压军警雨衣面料的研制 | 丹东优耐特纺织品有限公司、辽宁恒星精细化工有限公司 | 宋宏波、赫荣君、葛川、王翀、陈丽颖、赵颖、肖婷婷、郑文慧、王云秀 |
| 4 | 无甲醛仿活性涂料印染粘合剂及其应用产业化研究 | 四川省纺织科学研究院、绵阳佳联印染有限责任公司、四川意龙科纺集团有限公司、遂宁市新绿洲印染有限公司、四川益欣科技有限责任公司 | 黄玉华、樊武厚、石岷山、刘太东、杜非非、梁娟、韩丽娟、翟鸿卫、胡志强、罗艳辉 |
| 5 | 基于超支化聚合纺织品功能整理剂制备关键技术研发及应用 | 南通大学、泉州迈特富纺织科技有限公司、南通斯得福纺织装饰有限公司、张家港耐尔纳米科技有限公司 | 姚理荣、崔建伟、柯永辉、张华、张峰、徐思峻、颜永恩、叶伟、贾雪平、张广宇 |
| 6 | 全聚纺关键技术及其产业化 | 江南大学、南通双弘纺织有限公司、江苏悦达棉纺有限公司、常州市恒基纺织机械有限公司 | 谢春萍、苏旭中、刘新金、吉宜军、戴俊、李伟东、秦潇璇、乐荣庆、徐伯俊 |

续表

| 序号 | 项目名称 | 主要完成单位 | 主要完成人 |
|---|---|---|---|
| 7 | JSC 326型梳棉机 | 卓郎（常州）纺织机械有限公司 | 朱中华、许小平、王刚、万伟锋、冯晓建、张永平、徐玉俊、盛意平、王春平、黄玉强 |
| 8 | DYECOWIN高温染色机 | 立信染整机械(深圳)有限公司 | 徐达明、李俊威、陈和、王智山、曾育南、蒋荣、欧正初 |
| 9 | 针织面料多功能机械整理数字化成套装备研发与产业化 | 海宁纺织机械有限公司、浙江理工大学 | 史伟民、沈加海、彭来湖、张少民、赵虹、杨亮亮、金平富、沈国勤、姚衡、汝欣 |
| 10 | 新一代网络化、智能化喷气织机 | 山东日发纺织机械有限公司、山东大学 | 何旭平、李子军、张承瑞、吉学齐、孙书仁、王涛、石怀海、张玉杰、高超、张庆远 |
| 11 | 数字化宽幅高产水刺法非织造布成套技术装备及产业化应用 | 恒天重工股份有限公司、天津工业大学、安徽金春无纺布股份有限公司、中原工学院 | 刘延武、汤水利、吕宏斌、曹松亭、周锋、王晓雨、田宁、翟江波、杨建成、张一风 |
| 12 | YG606型热阻湿阻测试仪 | 宁波纺织仪器厂 | 胡君伟、沈建明、胡勇杰、钱青峰、李竹君、许燕、薛艳萍、宋赛赛 |
| 13 | 西裤智能制造生产车间 | 九牧王股份有限公司、上海威士机械有限公司、宁波圣瑞思工业自动化有限公司 | 林聪颖、徐芳、陈加贫、龚剑平、林朝贤、柴国宣、刘九生 |
| 14 | 棉花检验关键技术及配套装备 | 河南出入境检验检疫局检验检疫技术中心、河北出入境检验检疫局检验检疫技术中心、山东出入境检验检疫局检验检疫技术中心、广东出入境检验检疫局检验检疫技术中心、张家港出入境检验检疫局检验检疫综合技术中心、中华全国供销合作总社郑州棉麻工程技术研究所 | 郭会清、连素梅、郑丽莎、陆世栋、董俊哲、李树荣、禹建鹰、李朋、沈骅、万少安 |
| 15 | 面向经编智能化生产的机器视觉在线检测关键技术及产业化 | 福建省晋江市华宇织造有限公司、天津工业大学、泉州思玛特信息技术有限公司、天津大学 | 李娜娜、苏成喻、苏子滩、宋广礼、柯文新、张效栋、郑灿杰、杨孝清、权全、鲁清晨 |
| 16 | GB 31701—2015《婴幼儿及儿童纺织产品安全技术规范》 | 中纺标检验认证股份有限公司、纺织工业科学技术发展中心、中国纺织科学研究院有限公司、上海市服装研究所有限公司 | 徐路、孙锡敏、方锡江、郑宇英、许鉴 |

续表

| 序号 | 项目名称 | 主要完成单位 | 主要完成人 |
|---|---|---|---|
| 17 | ISO 17608: 2015《纺织品 氨纶长丝 耐氯性能试验方法》 | 上海市纺织工业技术监督所、浙江华峰氨纶股份有限公司、长乐恒申合纤科技有限公司、江苏双良氨纶有限公司、中国化学纤维工业协会 | 周祯德、李红杰、赵晓阳、陆秀琴、王丽莉、蒋同德、李晓庆、刘桂英、万蕾、张宝庆 |
| 18 | GB/T 32610—2016《日常防护型口罩技术规范》 | 中国产业用纺织品行业协会、北京市劳动保护科学研究所、江苏省特种安全防护产品质量监督检验中心、上海兴诺康纶纤维科技股份有限公司、中科贝思达（厦门）环保科技股份有限公司、广州纤维产品检测研究院、稳健医疗用品股份有限公司 | 李陵申、李桂梅、杨文芬、陆冰、张复全、丁彬、赵瑾瑜、刘基、王向钦、陈澍 |
| 19 | ISO 17751: 2016《纺织品 羊绒、羊毛、其他特种动物纤维及其混合物的测定》 | 内蒙古鄂尔多斯羊绒集团有限责任公司 | 张志、田君、杨桂芬、孟令红、朱虹、红霞、马海燕 |
| 20 | ISO 18067: 2015《纺织品 合成纤维长丝 干热收缩率试验方法（处理后）》 | 上海市纺织工业技术监督所、桐昆集团股份有限公司、荣盛石化股份有限公司、义乌华鼎锦纶股份有限公司、纺织化纤产品开发中心、江苏盛虹科技股份有限公司、上海纺织集团检测标准有限公司 | 陆秀琴、周祯德、李红杰、孙燕琳、陈国刚、卢卓、李德利、高国洪、杨艳、吴凯琪 |
| 21 | 纺织服装出口TBT风险预警和应对研究 | 广东省中山市质量技术监督标准与编码所 | 谢军、叶俊文、万雨龙、臧兴杰、何素虹、魏静琼、欧慧敏、方俊杰、王识博、叶永光 |
| 22 | 高新技术纤维发展战略研究 | 中国恒天集团有限公司、中国纺织工程学会 | 胡克、刘军、许深、王玉萍、张洪玲、王乐军、李增俊、舒伟、白程炜、吕佳滨 |
| 23 | 面向服装智能制造与消费升级的男装大数据建立与分析应用 | 浙江乔顿服饰股份有限公司、东华大学、中国服装协会、江西服装学院 | 沈应琴、方方、杨金纯、杜劲松、夏明、杜岩冰、余伟、余多、陈娟芬 |
| 24 | 喷气涡流纺差别化系列功能纱线制备关键技术及其产业化 | 德州华源生态科技有限公司、江南大学 | 李向东、杨瑞华、雒书华、刘琳、王利军、张文文、张汉军、杨晓艳 |
| 25 | 新型环保复合面料生产关键技术创新及其产业化 | 际华三五四二纺织有限公司、武汉纺织大学、湖北际华新四五印染有限公司、武汉汉麻生物科技有限公司 | 刘长城、邱卫兵、夏治刚、张慧霞、邓小红、张泽扬、刘辉、王平、邱双林、仇满亮 |

续表

| 序号 | 项目名称 | 主要完成单位 | 主要完成人 |
|---|---|---|---|
| 26 | 色纺纱数字化设计开发系统及其产业化应用 | 浙江理工大学、浙江华孚色纺有限公司、嘉兴学院 | 陈维国、沈加加、朱翠云、周华、胡英杰、刘伟、马瑞雪、夏丽华、陈燕兵、崔志华 |
| 27 | 涤纶超仿棉长丝经编面料生产关键技术研究及产业化 | 江南大学、海安启弘纺织科技有限公司 | 蒋高明、刘伟峰、陈晴、熊友根、马丕波、缪旭红、黄凯、万爱兰、陈兵、沈建峰 |
| 28 | 溶胶凝胶法对蚕丝和羊毛的阻燃整理关键技术及产业化 | 苏州大学、江苏新芳科技集团股份有限公司、江苏华佳丝绸股份有限公司 | 邢铁玲、谈金麒、黄和芳、俞金键、张祖洪、程安康 |
| 29 | 鲜茧生丝的性状特征检验与鲜茧缫丝工艺技术的研究 | 浙江大学、浙江理工大学、湖州市纤维检验所、广西桂华丝绸有限公司、湖州浙丝二厂有限公司、广西嘉联丝绸股份有限公司、广西立盛茧丝绸有限公司 | 朱良均、江文斌、杨明英、邢秋明、傅雅琴、卢受坤、陈美丽、韦年光、潘大东、刘景刚 |
| 30 | 精毛纺花式细纱与面料生产关键技术及应用 | 江苏阳光股份有限公司、江南大学、无锡市恒久电器技术有限公司 | 陈丽芬、曹秀明、潘如如、刘丽艳、周济恒、华玉龙、苏旭中、许勇、韩晨晨、查神爱 |
| 31 | 复合加工集成效果提花技术研究与产业化 | 浙江理工大学、达利丝绸（浙江）有限公司、杭州硕林纺织有限公司 | 祝成炎、张红霞、林平、丁圆圆、贺荣、鲁佳亮、雷斌、田伟、李艳清、俞丹 |
| 32 | 低纤度原液着色尼龙6纤维及功能产品开发关键技术与产业化 | 东华大学、浙江台华新材料股份有限公司、海安县中山合成纤维有限公司 | 黄莉茜、徐丽亚、吉鹏、王成翔、丁彬、马训明、王宁、王学利、王均、许斌 |
| 33 | 铜离子抗菌改性聚丙烯腈纤维研发及应用研究 | 江阴市红柳被单厂有限公司、上海正家牛奶丝科技有限公司、苏州市纤维检验院 | 黄磊、郁敏、周小进、郑宇、倪国华、槐向兵、李健男、茅彬、陈晓华、朱小云 |
| 34 | 涤纶工业丝品质提升关键技术及产业化 | 东华大学、浙江尤夫高新纤维股份有限公司、江苏恒力化纤股份有限公司 | 张玉梅、宋明根、王山水、于金超、杨大矛、蒋权、陈康、徐龙官、尹立新、王华平 |
| 35 | 竹浆制高湿模量再生纤维素纤维工艺技术开发 | 唐山三友集团兴达化纤有限公司 | 于捍江、高悦、杨爱中、么志高、孙郑军、徐瑞宾、赵秀媛、张东斌、张浩红 |

续表

| 序号 | 项目名称 | 主要完成单位 | 主要完成人 |
|---|---|---|---|
| 36 | 改性聚氨酯弹性纤维的关键技术研究与产业化 | 浙江华峰氨纶股份有限公司 | 杨晓印、杨从登、陈厚翔、刘亚辉、温作杨、梁红军、晋中成、费长书、张所俊、薛士壮 |
| 37 | 耐磨型抗水解聚酯单丝研发及产业化 | 南通新帝克单丝科技股份有限公司、南通大学 | 马海燕、张伟、张军、陆亚清、马海军、卫尧、金鑫 |
| 38 | 功能性投影幕布材料制备关键技术及其产业化应用 | 浙江宇立新材料有限公司、江南大学 | 马丕波、张建平、陈晴、姚水金、何红平、朱天琪、张文中、闫冬冬 |
| 39 | 中空纤维膜在水处理工艺应用中的优化设计及调控集成技术 | 天津工业大学 | 王捷、吴云、张宏伟、贾辉、张阳、崔钊 |
| 40 | 腹膜前间隙疝修复用经编织物补片的关键技术及产业化应用 | 武汉蓝普医品有限公司、武汉纺织大学 | 刘洪涛、王水庭、陈军、王玲、黄卉、李先华、徐荡、刘昕、艾葳、段向毓 |
| 41 | 纤维成形的静电调控关键技术及应用 | 武汉纺织大学 | 张如全、张尚勇、武继松、李建强、蔡光明、黄菁菁、李相朋 |
| 42 | 年产20亿片超柔速渗3D复合纸尿裤的制备关键技术研究及产业化 | 杭州可靠护理用品股份有限公司、浙江工业大学、嘉兴学院、江苏盛纺纳米材料股份有限公司、浙江卫星新材料科技有限公司、杭州可艾个人护理用品有限公司、浙江新维狮合纤股份有限公司 | 王旭、金利伟、唐伟、钱程、陈思、邱邦胜、裴小苏、张春娥、孔宋华、裴向阳 |
| 43 | 海藻生物医卫材料关键技术及产业化 | 青岛明月海藻集团有限公司、嘉兴学院、青岛明月生物医用材料有限公司 | 秦益民、刘洪武、李可昌、胡贤志、邓云龙、刘健、郝玉娜、张妮、尚宪明、莫岚 |
| 44 | 产业纺织品用单组分低熔点纤维制备关键技术及应用开发 | 武汉纺织大学、湖北省宇涛特种纤维股份有限公司、成都海蓉特种纺织品有限公司 | 王罗新、殷松甫、李峰、殷晃德、熊思维、庞旭章、陈少华、殷先泽、薛茂安、许静 |
| 45 | 新型功能性防水透湿薄膜及其复合织物开发与产业化 | 探路者控股集团股份有限公司、佛山金万达科技股份有限公司、中国纺织信息中心、中纺协（北京）检验技术服务有限公司 | 陈百顺、林裕卫、伏广伟、杨元、翁重、贺志鹏、吴耀根、曾东辉、张书耿、谢凡 |

## 三等奖

| 序号 | 项目名称 | 主要完成单位 | 主要完成人 |
|---|---|---|---|
| 1 | 绿色多肽保湿易去污整理剂的合成及其在居家棉织物的应用 | 东华大学、上海润盈新材料科技有限公司、鲁丰织染有限公司、上海三枪（集团）有限公司、上海市纺织科学院研究院有限公司 | 闵洁、顾永星、张战旗、曹春祥、齐元章、任海舟、华里发 |
| 2 | 珍珠包覆纤维护肤保健新型环保家纺服饰材料 | 上海龙头纺织科技有限公司、上海龙头（集团）股份有限公司 | 孙稚源、王卫民、薛继凤、程衍铭、陈平 |
| 3 | 三维骨架原位构筑高效纺织染料污水降解催化剂的研发及应用 | 中原工学院、郑州大学 | 米立伟、陈卫华、潘玮、崔世忠、卫武涛、秦娜 |
| 4 | 产业用纺织品数码印花超细化颜料墨水研发及产业化 | 江苏工程职业技术学院、南通纳威数码材料科技有限公司 | 陈志华、张炜栋、陆建辉、黄旭、王生、王玉丰、李文彬 |
| 5 | 连续式新型免烫整理方法及设备的研发 | 广东溢达纺织有限公司 | 张玉高、周立明、袁辉、卢利军、刘俊琦 |
| 6 | 工业用复叠式热功转换制热机组 | 威海双信节能环保设备有限公司 | 姚洪谦、胡金良 |
| 7 | SME472XQ燃气双辊两次烫光机 | 江苏鹰游纺机有限公司、连云港鹰游工程技术研究院有限公司 | 张国良、张斯纬、孙忠文、李政治、王赛虎、安全胜、张家秀 |
| 8 | 高密梳棉金属针布(双齿针布)成型技术与热处理技术研究及应用 | 金轮针布（江苏）有限公司、辽东学院 | 陈利国、江永生、高勤超、卓城之、张明光 |
| 9 | 印染废气减排关键技术和绿色生产线 | 浙江理工大学、浙江精宝机械有限公司、浙江泰坦股份有限公司、浙江稽山印染有限公司、浙江红绿蓝纺织印染有限公司 | 向忠、张建新、陆宝夫、魏顺勇、胡重法、蒋旭野、陈宥融 |
| 10 | 表面强化处理梳理器材关键技术的研发与应用 | 光山白鲨针布有限公司 | 张境泉、甘从伟、李长利、陈平、陈玉峰、秦泽萍、秦升意 |

续表

| 序号 | 项目名称 | 主要完成单位 | 主要完成人 |
|---|---|---|---|
| 11 | 高性能纤维立体间隔织物机织装备关键技术研发及产业化 | 江南大学、江苏友诚数控科技有限公司 | 钱坤、张典堂、俞科静、刘庆生、徐阳、王勇、杨中青 |
| 12 | 医用压缩袜压缩性能试验仪的研制 | 山东省纺织科学研究院、山东省特种纺织品加工技术重点实验室 | 杨成丽、付伟、郭利、王慧、李政 |
| 13 | 基于服用人体的特征点提取和重构方法优化研究 | 浙江理工大学、杭州万事利丝绸科技有限公司、卓尚服饰(杭州)有限公司 | 李重、马廷方、贾凤霞、王丽丽、陈敏之、徐紫涵、刘恒 |
| 14 | 面向现代服装企业实训的数字化生产系统与应用 | 江西服装学院、南昌毓秀泰德服装有限公司 | 陈东生、陈娟芬、陈国强、崔琳琳、李章、成恬恬、陶潇枭 |
| 15 | 基于 RFID 的服装智能店铺应用研究 | 惠州学院、真维斯服饰（中国）有限公司 | 刘小红、陈学军、曹璐瑛、索理、宋惠景、张小良 |
| 16 | 高温液体与蒸汽防护服创新设计、评价体系及产业化 | 苏州大学、北京邦维高科特种纺织品有限责任公司、苏州舒而适纺织新材料科技有限公司、代尔塔（中国）安全防护有限公司 | 卢业虎、何佳臻、李秀明、费超、戴宏钦、王灵杰 |
| 17 | 棉纱异性纤维检验研究 | 河南省纺织产品质量监督检验院 | 张岩昊、佟桁、憨文轩、杨艳菲、牧广照、刘晓丹、朱丹 |
| 18 | FZ/T 93091—2014《纺粘、熔喷复合法非织造布生产联合机》 | 宏大研究院有限公司、温州朝隆纺织机械有限公司、邵阳纺织机械有限公司、佛山市南海必得福无纺布有限公司、恒天重工股份有限公司 | 廖用和、亓国红、陈立东、安浩杰、邓伟其、林健、陈曦 |
| 19 | GB/T 32614—2016《户外运动服装 冲锋衣》 | 探路者控股集团股份有限公司、哥伦比亚运动服装商贸（上海）有限公司、国家针织产品质量监督检验中心、上海市服装研究所有限公司、湛江市玛雅旅游用品有限公司 | 陈百顺、陈能杰、周艳、胡浩、周双喜、曾韦、高志方 |
| 20 | 生态纺织品中小分子溶剂残留的关键分析技术研究 | 宁波检验检疫科学技术研究院、江苏出入境检验检疫局工业产品检测中心、浙江纺织服装职业技术学院、五邑大学、广州睿特新材料科技有限公司 | 保琦蓓、任清庆、傅科杰、丁友超、马艳英、李峥嵘、邹洁 |

续表

| 序号 | 项目名称 | 主要完成单位 | 主要完成人 |
|---|---|---|---|
| 21 | FZ/T 94011—2013《筘》系列标准的研究和应用 | 陕西纺织器材研究所、绍兴市水富纺织器材有限公司、常州钢筘有限公司、浙江鼎丰纺织器材有限公司、重庆金猫纺织器材有限公司 | 秋黎凤、赵玉生、诸水夫、施越浩、余定雅、杨崇明、淡培霞 |
| 22 | 桑蚕丝质量控制与检测技术的研究及应用 | 广西出入境检验检疫局检验检疫技术中心、广西桂华丝绸有限公司、柳州市自动化科学研究所、广西迎春丝绸有限公司 | 盖国平、黄韶恩、郭蔚、卢受坤、陈兴灿、覃然、吕春秋 |
| 23 | 纤维级聚酯切片国家标准样品复制 | 中国石化仪征化纤有限责任公司 | 陈达、叶丽华、蒋云、王清、王新华、姜兴国、陈锦国 |
| 24 | 服装艺术教育资源库建设 | 北京服装学院 | 张巨俭、潘波、詹炳宏、强凯、蒋玉秋、李晓玲、刘正东 |
| 25 | 基于协同进化的纺织产业创新驱动发展路径及对策研究 | 西安工程大学、西安心华石数据科技有限公司 | 邵景峰、王进富、黄鹏飞、马创涛、王蕊超、王希尧、牛一凡 |
| 26 | 中国化纤产业现状及竞争力分析 | 中国昆仑工程有限公司、中国纺织工程学会 | 许贤文、伏广伟、万网胜、张洪玲、吴文静、李利军、文美莲 |
| 27 | 上海服装产业集群（链）品牌营销机制研究 | 上海工程技术大学 | 胡守忠、田丙强、曲洪建、胡红艳、江磊、高长宽、卢慧 |
| 28 | 生物质芦荟改性黏胶纤维家用纺织品加工关键技术 | 江苏工程职业技术学院、江苏华业纺织有限公司、浙江耀川纺织科技有限公司 | 马顺彬、蔡永东、张曙光、耿琴玉、陆艳、张菊芳、王建华 |
| 29 | 芳樟醇植物元素改性竹浆纤维功能性针织产品开发 | 青岛雪达集团有限公司 | 王显其、张皓、李成波、李良、张洪宾、隋晓东、于建 |
| 30 | 基于贾卡经编机的复合功能运动鞋鞋面材料关键技术研发与产业化 | 海西纺织新材料工业技术晋江研究院、福建省晋江市华宇织造有限公司、中国纺织科学研究院有限公司、北京中纺优丝特种纤维科技有限公司 | 郑小佳、杨孝清、王忠宝、郑云波、王佳佳、陈燕宗、柯文书 |
| 31 | 渐变色多功能高档色织衬衫面料生产关键技术 | 江苏工程职业技术学院、江苏华业纺织有限公司 | 蔡永东、马顺彬、张菊芳、黄晓华、阚进遂、阚能 |

续表

| 序号 | 项目名称 | 主要完成单位 | 主要完成人 |
|---|---|---|---|
| 32 | 阻燃防水无缝立体光影墙布的产业化关键技术研究 | 浙江东凯纺织科技有限公司、浙江理工大学 | 金子敏、厉秀华、余志成、张秀玲、陈加平、陈建勇、虞树荣 |
| 33 | 铜氨纤维交织面料设计与加工关键技术及产业化 | 吴江德伊时装面料有限公司 | 姚德荣、任伟荣、陆建红、薛志良、徐慧、钱学宧、方德明 |
| 34 | 涤纶新型休闲服用面料的研发及产业化 | 江苏德顺纺织有限公司、江苏德华纺织有限公司 | 茹秋利、吴国良、钮春荣、郭建洋、宋启雨、王星华、刘小南 |
| 35 | 羊毛废弃物角蛋白提取技术及其在羊毛织物防毡缩整理加工中的应用 | 恒源祥（集团）有限公司、东华大学 | 刘瑞旗、陈忠伟、阎克路、何爱芳、胡春艳、邱洪生、王慧 |
| 36 | 数码提花组合全显技术研究及在真丝产品创新中的应用 | 浙江巴贝领带有限公司、浙江理工大学、浙江巴贝领带服饰设计研究有限公司 | 周赳、屠永坚、张爱丹、马爽、姚冬青、赵雷、石偲偲 |
| 37 | 精纺纯毛织物天然抗皱关键技术研发与应用 | 山东南山智尚科技股份有限公司、西安工程大学 | 曹贻儒、沈兰萍、赵亮、刘刚中、李龙、潘峰、许云生 |
| 38 | 基于剑杆织机的芦山纱技艺传承与产品开发 | 湖州永昌丝绸有限公司、浙江理工大学 | 朱忠强、周小红、陈建勇、陈敬星、虞树荣、刘斌、俞斌 |
| 39 | 时尚多功能毛精纺面料的关键技术研究及产业化应用 | 山东如意毛纺服装集团股份有限公司 | 杜元姝、王科林、李腊梅、王彦兰、胡衍聪、罗涛、王韧 |
| 40 | 定岛超细纤维材料高效制备技术 | 上海华峰超纤材料股份有限公司 | 胡忠杰、张其斌、孙向浩、韩芹、杜明兵、杨银龙、彭超豪 |
| 41 | 一种双面毛逸绒用纤维制备的工艺技术产业化 | 桐昆集团浙江恒通化纤有限公司 | 陈士南、赵宝东、孙燕琳、张玉勤、张子根 |
| 42 | 石墨烯原位聚合功能化聚己内酰胺切片制备及纺丝关键技术 | 常州恒利宝纳米新材料科技有限公司 | 蒋炎、黄荣庆、马宏明、曹建鹏、戴树洌、周露 |
| 43 | 基于聚酯纤维结构模块化智能集成控制的特种长丝关键技术及应用 | 绍兴文理学院、浙江佳宝新纤维集团有限公司、凯泰特种纤维科技有限公司、浙江佳人新材料有限公司、绍兴禾欣纺织科技有限公司 | 占海华、许志强、顾日强、王锡波、余新健、楼利琴、姚江薇 |

续表

| 序号 | 项目名称 | 主要完成单位 | 主要完成人 |
|---|---|---|---|
| 44 | 粘胶纤维厂污水处理及综合利用技术 | 唐山三友集团兴达化纤有限公司 | 李百川、张浩红、苏宝东、庞艳丽、张伟、张银奎、郑东义 |
| 45 | 胶原蛋白改性聚丙烯腈差别化纤维制备及性能研究 | 河北科技大学、河北善缘羊绒制品有限责任公司、石家庄晟辰纺织科技有限公司 | 胡雪敏、徐智策、张连兵、陈振宏 |
| 46 | 矿物质太极石改性纤维素纤维制备技术 | 太极石股份有限公司 | 林荣银、王荣华、吕志军、王俊科 |
| 47 | 高温复合过滤材料产品研发及产业化 | 福建南纺有限责任公司 | 李祖安、黄族健、王文鑫、黎清芳、何建勋、黄桢宝、江玉容 |
| 48 | 高性能柔性防刺材料制备关键技术及应用 | 南通大学、江苏百护纺织科技有限公司、江南大学 | 曹海建、钟崇岩、陈红霞、俞科静、李娟、黄晓梅 |
| 49 | 高清洁无浆料医用消毒片水刺材料及加工方法 | 山东省永信非织造材料有限公司 | 史成玉、刘双营、李军华、夏伦全、徐艳峰、王远富、商延航 |
| 50 | 功能性后漂全棉水刺非织造布关键制造技术 | 稳健医疗（黄冈）有限公司 | 周荣洪、罗霞、邓志祥、王欢、宋海波、孙雷、龚洪彰 |
| 51 | 高速列车内饰复合材料的研发 | 山东泰鹏新材料有限公司 | 孙远奇、马红杰、李桂芹、卢文婷、穆喜、石勇、孔凡伟 |
| 52 | 燃煤电厂锅炉可吸入微细粒子高效控制用精细过滤袋 | 抚顺天宇滤材有限公司 | 陈凤利 |

## 2018 年度桑麻学者获得者名单

| 序号 | 姓 名 | 工作单位 |
|---|---|---|
| 1 | 肖长发 | 天津工业大学 |
| 2 | 徐卫林 | 武汉纺织大学 |

注 排名不分先后，按姓名拼音顺序。

# 2019 年度中国纺织工业联合会科学技术奖

## 一、技术发明奖
### 一等奖

| 序号 | 项目名称 | 主要完成单位 | 主要完成人 |
|---|---|---|---|
| 1 | 蚕丝生物活性分析技术体系的建立与应用 | 苏州大学、鑫缘茧丝绸集团股份有限公司、江苏宝缦家纺科技有限公司 | 王建南、陆维国、李明忠、卢神州、殷音 |
| 2 | 纳米颜料胶囊的制备及其在纺织品印染中的应用技术 | 江南大学、浙江理工大学、苏州世名科技股份有限公司、东华大学 | 付少海、戚栋明、张丽平、杜长森、隋晓锋 |

### 二等奖

| 序号 | 项目名称 | 主要完成单位 | 主要完成人 |
|---|---|---|---|
| 1 | 基于生物质制备呋喃二甲酸基聚酯纤维技术 | 天津工业大学、苏州金泉新材料股份有限公司 | 李振环、樊海彬、苏坤梅、张马亮、曹磊 |
| 2 | 多锭位高效多功能高速弹力丝机的关键技术研发和整机制造 | 无锡宏源机电科技股份有限公司 | 钱凤娥、邓建清、何小明、钱爱梅、史理娥、张洪琪 |
| 3 | 基于织物间歇式气液染色技术产业化应用 | 佛山市三技精密机械有限公司 | 郑永忠、刘江坚、陈红军、周生勇、张燕浩、莫庸生 |
| 4 | 开关磁阻电机驱动的高速剑杆织机关键技术及应用 | 浙江万利纺织机械有限公司、浙江理工大学、中国科学院宁波材料技术与工程研究所、浙江中自机电控制技术有限公司 | 周香琴、万祖干、张驰、王琴龙、周巧燕、岳剑锋 |

## 二、科技进步奖
### 一等奖

| 序号 | 项目名称 | 主要完成单位 | 主要完成人 |
|---|---|---|---|
| 1 | 基于湿法纺丝工艺的高强PAN基碳纤维产业化制备技术 | 威海拓展纤维有限公司、北京化工大学 | 徐樑华、陈洞、丛宗杰、张大勇、李常清、张月义、王国刚、曹维宇、沙玉林、王炜、李日滨、童元建、孙绍桓、李松峰、黄大明 |

续表

| 序号 | 项目名称 | 主要完成单位 | 主要完成人 |
|---|---|---|---|
| 2 | 高值化聚酯纤维柔性及绿色制造集成技术 | 桐昆集团股份有限公司、新凤鸣集团股份有限公司、东华大学、上海聚友化工有限公司、嘉兴学院、中国纺织科学研究院有限公司、浙江恒优化纤有限公司、新凤鸣集团湖州中石科技有限公司、桐乡市中维化纤有限公司、桐乡市恒隆化工有限公司 | 庄耀中、陈士南、孙燕琳、吉鹏、陈向玲、杨剑飞、甘胜华、管永银、沈富强、王华平、梁松华、肖顺立、颜志勇、朱伟楷、张厚羽 |
| 3 | 对位芳香族聚酰胺纤维关键技术开发及规模化生产 | 东华大学、中化高性能纤维材料有限公司 | 胡祖明、于俊荣、曹煜彤、宋数宾、刘兆峰、赵开荣、张浩、祁宏祥、顾克军、戚键楠、李正启、陆春明、刘战武、高元勇、王彦 |
| 4 | 复合纺新型超细纤维及其纺织品关键技术研发与产业化 | 浙江古纤道股份有限公司、浙江理工大学、江苏聚杰微纤科技集团股份有限公司、浙江恒烨新材料科技有限公司 | 王秀华、沈国光、张大省、仲鸿天、张须臻、李为民、张新杰、袁建友、郭福江、张增松、李蓉、魏明泉 |
| 5 | 阻燃抗燃个体防护装备测试评价技术研究及防护服开发 | 常熟市宝沣特种纤维有限公司、军事科学院系统工程研究院军需工程技术研究所、应急管理部上海消防研究所、天津工业大学、南通大学、上海赞瑞实业有限公司、天津市宝坻区公安消防支队 | 谌玉红、钱俊、李晨明、赵晓明、曹永强、刘阳、孙启龙、张长琦、俞川华、陈平、蒋毅、林建波、曹丽霞、刘凯峰、刘国熠 |
| 6 | 自由液面多射流静电纺非织造材料制备关键技术及产业化 | 东华大学、苏州九一高科无纺设备有限公司、中原工学院、苏州金泉新材料股份有限公司、苏州康富特环境科技有限公司、河南工程学院、长垣虎泰无纺布有限公司 | 覃小红、王荣武、张弘楠、何建新、权震震、崔世忠、张海霞、王浦国、贾琳、王黎明、徐慧琳、邵伟力、李贞兵、王有虎、樊海彬 |
| 7 | 多轴向经编技术装备及复合材料制备关键技术及产业化 | 常州市宏发纵横新材料科技股份有限公司、东华大学、郑州大学、常州市新创智能科技有限公司、常州市第八纺织机械有限公司、北京航空航天大学 | 陈南梁、谈昆伦、刘春太、段跃新、蒋金华、谈源、蒋国中、刘勇俊、季小强、张娜 |
| 8 | 航空关节轴承用自润滑织物复合材料设计开发 | 上海大学、上海市合成树脂研究所有限公司、上海市轴承技术研究所、中国航空工业集团公司沈阳飞机设计研究所 | 俞鸣明、梁磊、张艳、任蓁苏、方琳、姚卫刚、段宏瑜、杨敏、李红、周劼、胡和丰、颜莉莉、肖依、黄雄荣、薛峰 |

续表

| 序号 | 项目名称 | 主要完成单位 | 主要完成人 |
|---|---|---|---|
| 9 | 车用非织造材料柔性复合生产关键技术与装备 | 江苏迎阳无纺机械有限公司、南通大学、江南大学 | 范立元、张瑜、章军、朱亚楠、李素英、付译鎏、范莉、殷俊良、徐林、许利中、谈越斌、谢军辉、张鑫荣、王海楼、于树发 |
| 10 | 针织数字化车间智能生产关键技术及其产业化 | 浙江理工大学、江南大学、浙江恒强科技股份有限公司、泉州佰源机械科技有限公司 | 胡旭东、彭来湖、蒋高明、向忠、胡军祥、傅开实、汝欣、史伟民、沈春娅、汪松松、钱淼、戴宁、李建强、张琦 |
| 11 | 化纤长丝卷装作业的全流程智能化与成套技术装备产业化 | 北自所（北京）科技发展有限公司、东华大学、福建百宏聚纤科技实业有限公司、浙江恒逸高新材料有限公司、北京机械工业自动化研究所有限公司 | 王勇、冯培、侯曦、江秀明、吕斌、杨崇倡、吴振强、徐慧、王永兴、满运超、曹晓燕、王丽丽、王生泽、王峰年、何鸿强 |
| 12 | 高耐摩色牢度热湿舒适针织产品开发关键技术 | 东华大学、上海嘉麟杰纺织品股份有限公司、泉州海天材料科技股份有限公司、南通泰慕士服装有限公司、上海三枪（集团）有限公司 | 蔡再生、杨启东、张佩华、王启明、曹春祥、徐小斌、葛凤燕、王俊丽、李晓燕、顾海、王俊、陈力群、王卫民、赵红、董蓓 |
| 13 | 印染废水低成本处理与高效再生利用关键技术和产业化 | 盛虹集团有限公司、时代沃顿科技有限公司、东华大学 | 唐俊松、李方、梁松苗、钱琴芳、张雪根、张建国、吴学芬、杨波、田晴、吴宗策、王思亮、刘艳彪、马春燕、沈忱思、徐晨烨 |
| 14 | 阳离子漂白活化剂的创制及棉织物前处理关键技术产业化应用 | 江苏联发纺织股份有限公司、江南大学、传化智联股份有限公司 | 许长海、唐文君、金鲜花、杜金梅、于拥军、姚金龙、于银军、邵冬燕、向中林、孙昌、王孟泽、陈八斤 |
| 15 | 涤棉中厚织物短流程连续清洁染色技术与关键装备 | 东莞市金银丰机械实业有限公司、东华大学、上海安诺其集团股份有限公司、华纺股份有限公司、上海七彩云电子商务有限公司、广东智创无水染坊科技有限公司、东莞市华地皮革有限公司 | 毛志平、李智、钟毅、徐长进、李裕、孙红玉、吴冬、栗岱欣、杜红波、闫鹏琼、魏辉、梁芳、纪立军、闫英山、袁方怡 |

## 二等奖

| 序号 | 项目名称 | 主要完成单位 | 主要完成人 |
|---|---|---|---|
| 1 | 全棉芯弹纱弹力面料关键技术研发与产业化 | 东华大学、枣庄海扬王朝纺织有限公司、浙江玉帛纺织股份有限公司、中纺院（浙江）技术研究院有限公司、枣庄市声威商贸有限公司 | 李毓陵、马秀霞、胡玉华、胡吉永、王耀、戴亚东、张瑞寅、汤文联、张君凯、马颜雪 |
| 2 | 基于功能性协同生效机理的多功能复合织物关键技术与产业化 | 浙江理工大学、浙江和心控股集团有限公司、浙江敦奴联合实业股份有限公司、浙江港龙织造科技有限公司、绍兴上虞弘强纺织新型材料有限公司、杭州硕林纺织有限公司 | 祝成炎、张红霞、黄锦波、田伟、李艳清、王浙峰、谢建强、金肖克、段小文、贺荣 |
| 3 | 喷气涡流纺纯棉高支纱生产关键技术及应用 | 江苏悦达纺织集团有限公司、江南大学 | 戴俊、高卫东、傅佳佳、刘必英、凡启光、马春琴、韩晨晨、范宗勤、陆荣生、王蕾 |
| 4 | 120英支汉麻纺纱关键技术及产业化 | 山东岱银纺织集团股份有限公司 | 亓焕军、赵兴波、赵焕臣、谢松才、冯茹、赵玉水、李成 |
| 5 | 阶梯式精细化梳理纺纱技术研究与产品开发 | 德州华源生态科技有限公司 | 雒书华、刘明哲、刘俊芳、郭娜、李荣明、赵振林、杨晓艳 |
| 6 | 高密柔软纬编产品关键技术及产业化 | 上海三枪（集团）有限公司、东华大学、上海纺织裕丰科技有限公司、上海市纺织科学研究院有限公司 | 王卫民、张佩华、赵培、李慧霞、曹春祥、薛文良、厉红英、何叶丽、李天剑、沈为 |
| 7 | 高弹亲肤绒类织物生产关键技术研究及产业化 | 上海嘉麟杰纺织科技有限公司、上海嘉麟杰纺织品股份有限公司 | 杨启东、王俊丽、赖俊杰、王怀峰、夏磊、何国英、刘影、张义男、徐林、杨益 |
| 8 | 国产化装备智能纺纱关键技术创新及产业化应用 | 武汉裕大华纺织服装集团有限公司、经纬纺织机械股份有限公司、武汉纺织大学、武汉裕大华纺织有限公司 | 万由顺、卫江、杨华明、夏治刚、徐卫林、张弘、蔡明文、金宏健、田青、刘武 |
| 9 | 苎麻生物脱胶产业化关键技术研发与集成应用 | 江西恩达麻世纪科技股份有限公司、南通大学、中国科学院西北生态环境资源研究院 | 褚特野、董震、吴绶菊、赵志慧、丁志荣、王少昆、邱新海、袁建林 |

| 序号 | 项目名称 | 主要完成单位 | 主要完成人 |
|---|---|---|---|
| 10 | 羊绒数码喷墨印花产品清洁染整关键技术 | 内蒙古鄂尔多斯羊绒集团有限责任公司、天津工业大学、武汉纺织大学 | 姚金波、田君、牛家嵘、李星、孟庆涛、张云、高建云、杨俊枝、程彦、王友 |
| 11 | 丝素蛋白微纳非织造材料关键技术及产业化应用 | 苏州大学、苏州先蚕丝绸生物科技有限公司、江苏华佳丝绸股份有限公司 | 卢神州、孙文祥、邢铁玲、郑兆柱、王春花、姜福建 |
| 12 | 领带敏捷生产及高品质功能性产品加工技术示范与推广 | 浙江理工大学、浙江麦地郎领带织造有限公司、浙江丝绸科技有限公司、浙江雅士林领带服饰有限公司、嵊州市仟代领带织造有限公司、浙江钱江纺织印染有限公司 | 沈一峰、金耀、杨雷、孙锦华、范博源、袁栋宝、李君锋、方卫东、郑晶晶、戚栋明 |
| 13 | 易护理羊绒针织物绿色加工关键技术与产业化 | 嘉兴学院、湖州珍贝羊绒制品有限公司、浙江兰宝毛纺集团有限公司 | 沈加加、邱雪芳、何铠君、张伟伟、张弛、王金玉、许华妹、崔萍 |
| 14 | 多组份功能性高档职业装面料的开发及关键技术研究 | 山东如意毛纺服装集团股份有限公司 | 王彦兰、王科林、李冲、高佩佩、李春霞、董晶、高华娟、胡衍聪、石同库、刘娟 |
| 15 | 熔体直纺高品质深染原液着色聚酯纤维产业化技术开发 | 中国纺织科学研究院有限公司、中国石化仪征化纤有限责任公司、苏州宝丽迪材料科技股份有限公司、滁州安兴环保彩纤有限公司、浙江恒逸石化有限公司、北京化工大学、沈阳化工研究院有限公司 | 金剑、毛绪国、徐毅明、吴鹏飞、丁筠、王永华、张文强、徐锦龙、盛平厚、孙华平 |
| 16 | 耐切割、抗蠕变、原液着色超高分子量聚乙烯纤维关键技术及产业化 | 江苏锵尼玛新材料股份有限公司、南通大学、江苏昌邦安防科技股份有限公司、赛立特（南通）安全用品有限公司 | 沈文东、曹海建、陈清清、高强、车俊豪、张玲丽、严雪峰、宋兴印、袁修见、李建红 |
| 17 | 中空异形再生纤维素纤维产业化关键技术 | 山东银鹰化纤有限公司、东华大学 | 徐元斌、周哲、成艳华、胡娜、郭伟才、相恒学、李娟、鹿泽波、杨利军、马峰刚 |

续表

| 序号 | 项目名称 | 主要完成单位 | 主要完成人 |
|---|---|---|---|
| 18 | 生态硅氮系阻燃纤维素纤维产业化及多功能制品集成开发 | 北京赛欧兰阻燃纤维有限公司、东华大学、嘉兴学院、上海大学、浪莎针织有限公司、山东银鹰化纤有限公司 | 陈烨、冉国庆、刘承修、姚勇波、姜沪、刘爱莲、柯福佑、胡金龙、徐元斌、张慧颖 |
| 19 | 高湿模量纤维界面处理技术研究及应用 | 河北科技大学、唐山三友集团兴达化纤有限公司 | 张林雅、于捍江、顾丽敏、米世雄、崔海燕、郑晓晨、安娜、田健泽、李燕青、李学苗 |
| 20 | 毛纺领域用高强竹浆纤维毛条制备技术 | 河北吉藁化纤有限责任公司、河北艾科瑞纤维有限公司 | 徐佳威、陈达志、李振峰、赵坤庆、申增路、杨红卫、刘柱君、高彦欣、张焕志、马军峰 |
| 21 | 高强度锦纶6短纤维制备关键技术及其多功能系列产品开发 | 恒天中纤纺化无锡有限公司、东华大学 | 赵岭、王华平、吉鹏、张建民、林敏、余志、薛建、陈向玲、陈烨、王朝生 |
| 22 | 硅藻土改性纤维产业化关键技术及其在家纺领域的应用 | 上海水星家用纺织品股份有限公司 | 沈守兵、陈秀苗、宋春常、梅山标、汪和春、开吴珍 |
| 23 | 湿抄/水刺联用关键技术研发及轻量超柔异组分复合材料的产业化 | 杭州诚品实业有限公司、浙江理工大学、西安工程大学、武汉纺织大学、合肥普尔德医疗用品有限公司 | 于斌、朱海霖、孙辉、刘国金、孙利忠、朱斐超、陈美玉、秦扶桑、李建强、周建 |
| 24 | 风电叶片碳纤维复合材料大梁板材高效拉挤制备技术及产业化 | 江苏澳盛复合材料科技有限公司、东华大学、上海华渔新材料科技有限公司 | 余木火、许文前、严兵、张辉、张可可、孙泽玉、郎鸣华、唐许、施刘生、余许多 |
| 25 | 微细粉尘控制专用水刺覆膜高性能滤料关键技术及产业化 | 厦门三维丝环保股份有限公司 | 蔡伟龙、郑智宏、王巍、郑锦森、张静云、李彪、戴婷婷、陈建文、游丽容 |
| 26 | 仿鹅绒结构轻质保温微细化纤维材料的制备与产业化 | 南通大学、江苏丽洋新材料股份有限公司 | 张伟、魏发云、王海楼、尤祥银、张瑜 |
| 27 | 卫材专用竹炭粘胶纤维及其水刺非织造布关键技术研究及产业化 | 东纶科技实业有限公司、唐山三友集团兴达化纤有限公司、诺斯贝尔化妆品股份有限公司、中国纺织科学研究院有限公司 | 张孝南、张煜国、郝景标、吴伟、任强、张聪杰、田健泽、刘东生、孙学刚、任爽 |

续表

| 序号 | 项目名称 | 主要完成单位 | 主要完成人 |
|------|----------|--------------|------------|
| 28 | 双组份聚酯非织造高效过滤材料产业化关键技术及应用 | 山东泰鹏环保材料股份有限公司、武汉纺织大学 | 王栋、范明、刘轲、朱绍存、王海平、张泉城、李沐芳、程翠翠、张静、杨会敏 |
| 29 | 阻燃浸胶涤纶帆布制备关键技术研发与应用 | 安徽工程大学、青岛大学、安徽华烨特种材料有限公司 | 谢艳霞、王宗乾、田明伟、朱泽贺、毕松梅、方寅春、石杰、周业昌 |
| 30 | 高质低耗仿蜡印印花关键技术研发与产业化 | 华纺股份有限公司、东华大学、滨州华纺工程技术研究院有限公司、江苏德美科化工有限公司、杭州开源电脑技术有限公司 | 闫英山、毛志平、孙红玉、盛守祥、刘国锋、李春光、徐红、王斯亮、赵万强、贾荣霞 |
| 31 | 纺织品天然染料染色印花关键技术及产业化 | 苏州大学、武汉纺织大学、鑫缘茧丝绸集团股份有限公司、盛虹集团有限公司、烟台明远家用纺织品有限公司、烟台业林纺织印染有限责任公司、苏州虹锦生态纺织科技有限公司 | 王祥荣、姜会钰、陈忠立、薛志勇、侯学妮、储呈平、段佳、李伟、卫金龙、姚金波 |
| 32 | 植物染料工业化生产及其环保染色关键技术 | 常州大学、中国纺织建设规划院、常州美胜生物材料有限公司、上海之禾服饰有限公司、上海嘉麟杰纺织科技有限公司、宁波广源纺织品有限公司、愉悦家纺有限公司 | 陈群、纪俊玲、冯德虎、马志辉、汪媛、陈海群、黄险峰、陈筱漪、孟丹蕊、程彦 |
| 33 | 水性膨胀型高克重织物阻燃涂层树脂关键技术研发及产业化 | 传化智联股份有限公司、浙江皮意纺织有限公司、浙江新中纺实业有限公司、杭州传化精细化工有限公司 | 王胜鹏、于得海、徐璀、王小君、李栋、张建生、敬小波、包界杰、陈八斤、陆林光 |
| 34 | 防水透湿、防绒透气微孔膜及无缝复合纺织品关键技术研发及产业化 | 四川大学、龙之族（中国）有限公司 | 成煦、王海波、罗耀发、杜宗良、蒋荣华、潘锋芳、杜晓声、周锐 |
| 35 | 多活性基活性染料低盐低耗轧染关键技术研究及产业化应用 | 鲁丰织染有限公司、鲁泰纺织股份有限公司、亨斯迈纺织染化（青岛）有限公司 | 张战旗、许秋生、王德振、李友祥、齐元章、孟建平、王辉、于滨、葛秋芬、仲伟浩 |
| 36 | 生态染整抗菌保健柞蚕丝织物研制关键技术及产业化 | 丹东优耐特纺织品有限公司、辽东学院、辽宁恒星精细化工有限公司、常熟理工学院、辽宁柞蚕丝绸科学研究院有限责任公司、丹东华星纺织品有限公司 | 路艳华、赫荣君、张迎春、程德红、陆鑫、郑世南、赵兴海、董明东、刘贝、孟雅贤 |

续表

| 序号 | 项目名称 | 主要完成单位 | 主要完成人 |
|---|---|---|---|
| 37 | 单向导湿工装面料制备关键技术及其产业化 | 绍兴水乡纺织科技有限公司、杭州航民达美染整有限公司、绍兴文理学院、浙江省产业用纺织品和非织造布行业协会 | 马金星、马定海、洪剑寒、张文中、凌声旭、卢重亮、奚柏君、朱顺康、王坚焕、曹淼森 |
| 38 | PTT纤维/棉超柔弹性针织面料染整技术及产品开发 | 浙江富润印染有限公司、东华大学、浙江富润股份有限公司、苏州联胜化学有限公司、绍兴文理学院 | 傅国柱、王益峰、卢孝军、钟毅、赵林中、周忠翰、蔡润之、李曼丽、项敬国、李正生 |
| 39 | 高品质原液着色聚酯纤维应用技术开发 | 中国纺织科学研究院有限公司、天津工业大学、鲁丰织染有限公司、际华三五四三针织服饰有限公司、花法科技有限公司、中纺院（天津）科技发展有限公司、纺织化纤产品开发中心 | 廉志军、刘建勇、张战旗、李宁军、王忠、王雪、张子昕、马崇启、齐元章、和超伟 |
| 40 | 高导湿与免烫双重功效面料的创新与应用 | 鲁泰纺织股份有限公司、武汉纺织大学、鲁丰织染有限公司、青岛大学、亨斯迈纺织染化（青岛）有限公司、山东理工大学 | 徐卫林、吕文泉、王运利、张战旗、杜立新、耿彩花、张凯、孟建平、宋金英、陈韶娟 |
| 41 | 基于降低臭气和废水排放的新型牛仔浆染纱工艺技术与产业应用 | 中国纺织工程学会、苏州中纺学面料产业研究院、常熟理工学院、佛山华丰纺织有限公司 | 伏广伟、李瑞卿、李娟、陆鑫、林程雄、王伟、楚本章、蔡涛、巩继贤、赵春梅 |
| 42 | 旋风转子(Sintensa Cyclone)低张力平幅针织连续煮漂机 | 立信染整机械(深圳)有限公司 | 洪子铭、潘文、朱飞、何志辉、王仁贵、薛昌泽、吕坚、邓晓筠、赵欣 |
| 43 | 3D鞋面成型技术及产业化 | 江苏金龙科技股份有限公司 | 兰先川、孙健、邱屹 |
| 44 | 纬编高密提花装备的关键技术研究及应用 | 江苏润山精密机械科技有限公司、江南大学、常熟长润智能科技有限公司 | 郑泽山、李金池、孙华平、丛洪莲、高哲、张爱军、陆益健、冯发泉、柏书勤、梁佳璐 |
| 45 | 多横梁数字化自动切割系统 | 杭州爱科科技股份有限公司 | 方云科、张东升、伍郁杰、顾复、白燕、徐林苗、帅宝玉、苏凯、丁威、张传乐 |

续表

| 序号 | 项目名称 | 主要完成单位 | 主要完成人 |
|---|---|---|---|
| 46 | 双组份纺粘热熔非织造布生产关键技术及装备开发 | 浙江朝隆纺织机械股份有限公司 | 陈立东、徐克勤、陆今耕、孙安立、罗鸣杰、邱来东、陈飞宇、蔡崇辉、陈枚、陈颖娴 |
| 47 | JCTX300型千吨级碳纤维生产线 | 浙江精功科技股份有限公司 | 金越顺、吴海祥、王永法、卫国军、傅建根、陈慧萍、张鹏铭、孙海梁、孙兴祥、庄海林 |
| 48 | 高性能纺纱专用橡胶器材研发关键技术及应用 | 无锡市兰翔胶业有限公司、江南大学 | 吴学平、邹小祥、李少周、范雪荣、朱博、韩晨晨、魏俊虎、司恩为、张奎 |
| 49 | 集约式长丝卷绕成套装置研发及产业化应用 | 郑州华萦化纤科技有限责任公司、恒天重工股份有限公司 | 李新奇、王满朝、刘国志、智红军、尹士朋、常同侠、李铮、吴长泰、王建沛、张志涛 |
| 50 | 高性能复合材料纤维增强体的三维织造技术及机电一体化装备 | 武汉纺织大学、湖北菲利华石英玻璃股份有限公司、南通纺织丝绸产业技术研究院 | 林富生、宋志峰、龚小舟、孙绯、陈志华、张素婉、严新、刘泠杉、李宇、毛江民 |
| 51 | 纺织品水平摩擦静电衰减及电荷面密度测试技术研究及仪器研制 | 山东省纺织科学研究院、山东省特种纺织品加工技术重点实验室、青岛市计量技术研究院 | 刘壮、郭利、郁黎、李娟娟、王慧、冯洪成、李志超 |
| 52 | 数据驱动的棉纺质量智能控制技术及其产业化 | 西安工程大学、西安心华石数据科技有限公司 | 邵景峰、陆少锋、王进富、戴鸿、陈金广、樊威、马创涛、秦兰双、王蕊超、王希尧 |
| 53 | 多视角数字化纺织品外观检测和逆向工程的关键技术及应用 | 上海工程技术大学、莱州电子仪器有限公司 | 辛斌杰、刘岩、邓娜、林兰天、李佳平、王文帝、张雪波、邱学明 |
| 54 | 静电植绒毛绒飞升性能测定仪的研制 | 山东省纺织科学研究院、山东省特种纺织品加工技术重点实验室 | 杨成丽、胡尊芳、何红霞、付伟、冯洪成 |
| 55 | ISO 15625：2014丝生丝疵点、条干电子检测试验方法 | 中国丝绸协会、浙江丝绸科技有限公司、杭州海关技术中心、浙江凯喜雅国际股份有限公司、苏州大学 | 钱有清、周颖、董锁拽、卞幸儿、许建梅、伍冬平、潘璐璐、赵志民、刘文全 |
| 56 | 主动应对国际纺织领域技术性贸易措施的关键检测技术和标准研究 | 深圳海关工业品检测技术中心、深圳市检验检疫科学研究院 | 刘彩明、李丽霞、林君峰、唐莉纯、闫杰、谢堂堂、李燕华、王成云、褚乃清、钟声扬 |

续表

| 序号 | 项目名称 | 主要完成单位 | 主要完成人 |
|---|---|---|---|
| 57 | 纺织新材料基础性能数据标准的研究 | 中纺标检验认证股份有限公司、纺织工业科学技术发展中心、中国化学纤维工业协会、中国纺织科学研究院有限公司 | 刘飞飞、韩玉茹、斯颖、徐路、章辉、郑宇英、王国建、李德利、任鹤宁、闫春红 |
| 58 | ISO18068：2014 棉纤维含糖量试验方法分光光度法 | 上海市质量监督检验技术研究院 | 李卫东、周兆懿、施浩洁、赵海浪、周炜、谭玉静、徐媛、胡海蓉、诸佩菊 |
| 59 | GB/T 35266—2017 纺织品 织物中复合超细纤维开纤率的测定 | 山东滨州亚光毛巾有限公司、中纺标检验认证股份有限公司、必维申美商品检测（上海）有限公司、苏州天华超净科技股份有限公司、东莞市中港净化用品科技有限公司 | 高铭、王红星、刘雁雁、韩玉茹、裴振华、王珣、庚伟洪 |
| 60 | 纺织品生物安全系列检验方法的建立与应用 | 郑州海关技术中心、石家庄海关技术中心、四川农业大学、江西省人民医院 | 郭会清、李轲、禹建鹰、郭华麟、连素梅、徐超、孙晓霞、韩国全、苗丽、杨娜 |
| 61 | 导电纱线导电性能和检测方法研究及应用 | 河南省纺织产品质量监督检验院、华北水利水电大学、新乡市北方纤维有限公司 | 刘晓丹、牧广照、佟桁、石风俊、贾高鹏、赵华恩、胡广、余秀艳、刘洋、李盛仙 |
| 62 | 中亚国家纺织产业投资环境研究报告 | 东华大学、中国国际贸易促进委员会纺织行业分会 | 王华、徐迎新、刘耀中、周小莉、薛峰、崔晓凌 |

## 三、特别贡献奖（桑麻学者）

| 序 号 | 姓名 | 工作单位 |
|---|---|---|
| 1 | 陈文兴 | 浙江理工大学 |
| 2 | 王华平 | 东华大学 |
| 3 | 王锐 | 北京服装学院 |
| 4 | 张国良 | 中复神鹰碳纤维有限责任公司 |

注　排名不分先后，按姓名拼音顺序。

# 2020 年度中国纺织工业联合会科学技术奖

## 一、技术发明奖
### 二等奖

| 序号 | 项目名称 | 主要完成单位 | 主要完成人 |
|---|---|---|---|
| 1 | 功能性易护理羊毛织物的生物法制备关键技术及应用 | 江南大学、无锡协新毛纺织股份有限公司、山东如意科技集团有限公司、江苏阳光股份有限公司 | 王强、余圆圆、朱华君、范雪荣、赵辉、陆春立 |
| 2 | 精油微纳胶囊的设计、制备及其在纺织品功能整理中的应用 | 浙江理工大学、江南大学、新天龙集团有限公司、义乌市中力工贸有限公司、杭州万事利丝绸科技有限公司 | 戚栋明、王春霞、张国庆、周岚、马廷方、吴金丹 |

## 二、科技进步奖
### 一等奖

| 序号 | 项目名称 | 主要完成单位 | 主要完成人 |
|---|---|---|---|
| 1 | 数字化经编机系列装备及其智能生产关键技术与应用 | 东华大学、福建屹立智能化科技有限公司、福建华峰新材料有限公司 | 孙以泽、孟婵、陈玉洁、郗欣甫、李天源、蒋世楚、葛晓逸、颜梦、徐天雨、杨德华、马文祥、苏柳元、孙志军、李培波、吴建通 |
| 2 | VCRO自动络筒机 | 青岛宏大纺织机械有限责任公司、北京经纬纺机新技术有限公司、中译语通科技(青岛)有限公司 | 邵明东、车社海、朱起宏、刘铁、贾坤、王海霞、王炳堂、许燕萍、张文新、闫新虎、国世光、刘晓良、王小攀、张华、周喜 |
| 3 | 高速经编机槽针的研发生产和应用 | 东华大学、义乌云溪新材料科技有限公司、浙江佛洛德针业有限公司、海宁市栩通新材料有限公司 | 朱世根、丁浩、胡菊芳、舒建日、白云峰、董威威、骆祎岚、潘益森、狄平、朱巧莲 |
| 4 | 花式色纺纱多模式纺制关键技术及应用 | 华孚时尚股份有限公司、江南大学 | 高卫东、朱翠云、胡英杰、练向阳、郭明瑞、何卫民、瞿静、孙丰鑫、王蕾、刘新金、刘伟、高明初、周建 |
| 5 | 低能耗低排放织造浆纱关键技术及应用 | 西安工程大学、银基科技发展有限公司、陕西五环（集团）实业有限责任公司、宝鸡天健淀粉生物有限公司 | 武海良、沈艳琴、何安民、刘相亮、周丹、姚一军、李冬梅、王卫、张明社 |

续表

| 序号 | 项目名称 | 主要完成单位 | 主要完成人 |
|---|---|---|---|
| 6 | 经编短纤纱生产关键技术研究与产业化 | 江南大学、江阴市傅博纺织有限公司、山东岱银纺织集团股份有限公司、浙江越剑智能装备股份有限公司、射阳县杰力纺织机械有限公司 | 蒋高明、万爱兰、张琦、郑宝平、夏风林、丛洪莲、洪亮、谢松才、李兵、黄翠玉 |
| 7 | 节能减排制丝新技术及产业化应用 | 浙江理工大学、杭州纺织机械集团有限公司、杭州飞宇纺织机械有限公司、广西靖西鑫晟茧丝绸科技有限公司、湖州市质量技术监督检测研究院 | 傅雅琴、江文斌、叶文、汪小东、王瑞、陈庆华、谢乃钧、罗海林、钱建华、叶飞、董余兵 |
| 8 | 高品质喷墨印花面料关键技术及产业化 | 青岛大学、愉悦家纺有限公司、杭州宏华数码科技股份有限公司、万事利集团有限公司、上海安诺其集团股份有限公司、鲁丰织染有限公司、山东黄河三角洲纺织科技研究院有限公司、天津工业大学 | 房宽峻、王玉平、林虹、林旭、张战旗、杜红波、孙付运、刘秀明、林凯、陈为超、齐元章、陈凯玲、谢汝义、刘尊东、银倩琳 |
| 9 | 纳米颜料制备及原液着色湿法纺丝关键技术 | 苏州世名科技股份有限公司、江南大学、中国石化上海石油化工股份有限公司、河北吉藁化纤有限责任公司、唐山三友集团兴达化纤有限公司、常熟世名化工科技有限公司 | 吕仕铭、李敏、付少海、杜长森、杨雪红、李振峰、么志高、梁栋、冯淑芹、张焕志、陈冲、宋文强、卢圣国、徐利伟、胡艺民 |
| 10 | 120头高效率超细氨纶纤维产业化成套技术及装备 | 郑州中远氨纶工程技术有限公司、新乡化纤股份有限公司、中原工学院 | 桑向东、邵长金、孙湘东、魏朋、宋德顺、张一风、崔跃伟、姚永鑫、季玉栋、孟凡祎、袁祖涛、贾舰、张运启、张建波、章伟 |
| 11 | 高品质熔体直纺PBT聚酯纤维成套技术开发 | 东华大学、无锡市兴盛新材料科技有限公司 | 俞新乐、王华平、吉鹏、俞盛、王朝生、李建民、薛月霞、乌婧、吴固越、陈向玲、伊贺阳、陈烨、陆美娇、梅勇、伍国庆 |
| 12 | 长效环保阻燃聚酯纤维及制品关键技术 | 北京服装学院、江苏国望高科纤维有限公司、上海德福伦化纤有限公司、四川东材科技集团股份有限公司、德州常兴化工新材料研制有限公司、浙江海利得新材料股份有限公司、江苏中鲈科技发展股份有限公司 | 王锐、梁倩倩、朱志国、冯忠耀、边树昌、柴志林、葛骏敏、董振峰、张秀芹、陆育明、江涌、毕新春、王建华、郝应超、朱文祥 |

续表

| 序号 | 项目名称 | 主要完成单位 | 主要完成人 |
|---|---|---|---|
| 13 | 聚酯复合弹性纤维产业化关键技术与装备开发 | 江苏鑫博高分子材料有限公司、四川大学、北京中丽制机工程技术有限公司、扬州惠通化工科技股份有限公司 | 兰建武、沈鑫、沈玮、程旻、仝文奇、林绍建、史科军、张源、阎斌、任玉国、张建纲、任二辉、姜胜民、周晓辉、金剑 |
| 14 | 百吨级超高强度碳纤维工程化关键技术 | 中复神鹰碳纤维有限责任公司、东华大学、江苏鹰游纺机有限公司 | 张国良、刘芳、陈秋飞、陈惠芳、连峰、郭鹏宗、金亮、张斯纬、席玉松、李韦、夏新强、刘栋、李智尧、王磊、杨平 |
| 15 | 静电气喷纺驻极超细纤维规模化制备技术及应用 | 东华大学、上海士诺健康科技股份有限公司、奥美医疗用品股份有限公司、武汉大学、深圳市安保医疗感控科技有限公司、嘉兴富瑞邦新材料科技有限公司、济南卓高建材有限公司、上海银田机电工程有限公司、烟台宝源净化有限公司、绍兴桂名纺织品整理有限公司 | 丁彬、斯阳、赵兴雷、王学利、印霞、邓红兵、张剑敏、崔金海、贾红伟、蒋攀、王先锋、张宏强、李鑫华、于自强、金勇 |
| 16 | 高效低阻PTFE复合纤维膜防护材料制备关键技术及产业化 | 浙江理工大学、湖州禾海材料科技有限公司、浙江格尔泰斯环保特材科技股份有限公司、杭州诚品实业有限公司、广东宝泓新材料股份有限公司、杭州盈天科学仪器有限公司 | 于斌、孙辉、刘国金、朱斐超、李祥龙、李杰、郭玉海、王峰、朱海霖、孙利忠、姜学梁、胡晓环、黄煦钧、聂发文、余媛 |
| 17 | 超大口径耐高压压裂液输送管编织与复合一体化关键技术 | 五行科技股份有限公司、南通大学、苏州大学 | 王东晖、孙启龙、王萍、沙月华、龙啸云、季涛、高强、叶伟、秦庆戊、夏平原 |

## 二等奖

| 序号 | 项目名称 | 主要完成单位 | 主要完成人 |
|---|---|---|---|
| 1 | 全模式低浴比染色装备研发及产业化 | 高勋绿色智能装备（广州）有限公司、中纺院（浙江）技术研究院有限公司、华南理工大学、绍兴锦森印染有限公司、福建福田纺织印染科技有限公司 | 萧振林、陈晓辉、谢龙汉、廖少委、崔桂新、胡容霞、庞明军、葛锦琦、陈茂哲、余波宏 |
| 2 | 新型高速纺熔复合非织造布生产线及工艺技术项目 | 中国纺织科学技术有限公司、宏大研究院有限公司 | 安浩杰、陈曦、帅建凌、崔洪亮、赵建林、王卫东、梁占平、慎永日、郝丽霞、郭奕雯 |

续表

| 序号 | 项目名称 | 主要完成单位 | 主要完成人 |
|---|---|---|---|
| 3 | 宽幅高产热风法薄型非织造布生产联合机 | 常熟市飞龙无纺机械有限公司、南通大学 | 臧传锋、李昱昊、戴家木、仇群仁、韩雪龙、韩一斌、颜祖良、徐志高、徐守利、唐颖 |
| 4 | 宽幅高速化妆棉裁切机研制及关键技术研究 | 东华大学、苏州铃兰医疗用品有限公司 | 彭倚天、丁彩红、邹鲲、杨延竹、黄瑶、戴惠良、赵建刚、朱臻刚 |
| 5 | 多纤维用精梳装备关键技术及其产业化 | 河南昊昌精梳机械股份有限公司、天津工业大学、南通双弘纺织有限公司、德州恒丰集团、山东恒丰新型纱线及面料创新中心有限公司 | 李新荣、马千里、王建坤、原建国、吉宜军、王思社、周志强、乐荣庆、金凯震、刘春国 |
| 6 | 面向服装个性化定制和团体定制的智能裁剪系统 | 海澜之家股份有限公司、东华大学、江苏省服装工程技术研究中心 | 陶晓华、徐锡方、朱建龙、黄颂臣、岳春明、杜劲松、胡惠平、郑静忠、周建、刘立冬 |
| 7 | 高性能高尔夫服装人体工学研发关键技术与应用 | 比音勒芬服饰股份有限公司、北京服装学院 | 刘莉、谢秉政、胡紫婷、冯玲玲、唐新乔、陈阳、史民强、代丽娟、刘正东、梁丹 |
| 8 | 防护服导热性能测试系统的研制 | 山东省纺织科学研究院、山东省特种纺织品加工技术重点实验室 | 杨成丽、王慧、胡尊芳、付伟、冯洪成 |
| 9 | 基于多元感知着装测体技术的服装智能定制试衣系统研发与应用 | 上海工程技术大学、上海市服装研究所有限公司、上海龙头纺织科技有限公司、上海三枪(集团)有限公司、上海龙头（集团）股份有限公司、上海海螺服饰有限公司 | 袁蓉、胡旭纯、朱晋陆、徐增波、李天剑、王卫民、崔岳玲、徐律、王佳佩、李晔敏 |
| 10 | 系列国际标准ISO 17881：2016 纺织品 某些阻燃剂的测定 | 中纺标检验认证股份有限公司、长春海关技术中心、中国纺织科学研究院有限公司 | 斯颖、康宁、李爱军、郑宇英、周晓、牟峻 |
| 11 | 轻质高强纺织复合材料标准研究 | 中纺标检验认证股份有限公司、天津工业大学、中国纺织科学研究院有限公司 | 章辉、吕静、孙颖、王宝军、徐路、郑宇英、刘梁森、王立新、任鹤宁、张一帆 |
| 12 | GB/T 35754—2017《气体净化用纤维层滤料》 | 东北大学、江苏东方滤袋股份有限公司、江苏蓝天环保集团股份有限公司、丹东天皓净化材料有限公司、抚顺天宇滤材有限公司、福建福能南纺卫生材料有限公司、中国产业用纺织品行业协会 | 李桂梅、常德强、柳静献、李昱昊、冀艳芹、张旭东、崔渊文、陈俞百、江海华、何建勋 |

续表

| 序号 | 项目名称 | 主要完成单位 | 主要完成人 |
|---|---|---|---|
| 13 | 非织造材料空气过滤性能测试方法研究及应用 | 广州纤维产品检测研究院、广州检验检测认证集团有限公司、中纺标检验认证股份有限公司 | 王向钦、张鹏、张传雄、朱锐钿、刘飞飞、漆东岳、杨欣卉、雷李娜、郑锦维 |
| 14 | 纺织产品模块化碳足迹和水足迹核算与评价方法及应用 | 东华大学、浙江理工大学、中国纺织信息中心、华都纺织集团有限公司、西安工程大学 | 丁雪梅、王来力、吴雄英、阎岩、刘国荣、李昕、胡柯华、孙丽蓉、朱俐莎、刘占鳌 |
| 15 | GB 50565—2010《纺织工程设计防火规范》 | 中国昆仑工程有限公司、中国纺织勘察设计协会、湖南省轻纺设计院有限公司、广东省轻纺建筑设计院有限公司、恒天(江西)纺织设计院有限公司 | 李熊兆、李学志、孙今权、罗文德、黄志恭、刘强、李道本、黄志刚、徐福官、谢祥志 |
| 16 | 轻纺消费品中有害物质关键检测新技术研究与应用 | 杭州海关技术中心、浙江省检验疫科学技术研究院、南京海关工业产品检测中心、浙江理工大学 | 吴刚、丁友超、陈海相、何坚刚、董锁拽、王力君、张明誉、李艳、严颖鹏 |
| 17 | GB/T 36020化学纤维 浸胶帘子线试验方法 | 上海市纺织工业技术监督所、上海纺织集团检测标准有限公司、神马实业股份有限公司、骏马化纤股份有限公司、烟台泰和新材料股份有限公司、杭州帝凯工业布有限公司、浙江古纤道绿色纤维有限公司 | 李红杰、孙静、何泽涵、郝振华、朱晓娜、徐小波、杨志超、万雷 |
| 18 | 生态纺织品安全预测评估系统及检测技术的研究与应用 | 长春海关技术中心、中纺标检验认证股份有限公司 | 李爱军、周晓、斯颖、马咏梅、胡婷婷、张勋、康明芹、马书民、李文君、王准 |
| 19 | 纺织行业推动高质量发展路径研究 | 中国纺织经济研究中心 | 孙淮滨、张倩、赵明霞、牛爽欣、白婧 |
| 20 | 全球纺织行业生产力发展现状、趋势及对策研究 | 中国纺织信息中心 | 乔艳津、董奎勇、闫博、郭燕、胡发祥、翁重、宋秉政、吴猛、曹文娜 |
| 21 | 纺织领域先进基础材料发展战略研究 | 中国纺织科学研究院有限公司、中国纺织工程学会 | 李鑫、华珊、蒋金华、蔡倩、钱晓明、王颖、白琼琼、陈烨、肖长发、曲希明 |
| 22 | 高品质喷气涡流色纺纱制备关键技术及产业化 | 百隆东方股份有限公司、绍兴文理学院 | 邹专勇、卫国、姚江薇、荣慧、杨克孝、奚柏君、刘国奇、程四新、刘东升、王利清 |

续表

| 序号 | 项目名称 | 主要完成单位 | 主要完成人 |
|---|---|---|---|
| 23 | 喷气涡流纺高支高混比汉麻家纺面料生产关键技术及应用 | 江苏悦达纺织集团有限公司、江南大学 | 凌良仲、卢雨正、孙仁斌、马春琴、凡启光、苏旭中、袁久刚、韩晨晨、姜亚飞、严以登 |
| 24 | 舒适阻燃抗静电保暖纺织品关键技术研究及产业化 | 上海嘉麟杰纺织科技有限公司、上海嘉麟杰纺织品股份有限公司 | 赖俊杰、王俊丽、瞿静、王怀峰、何国英、夏磊、杨世滨、丁艳然、张义男、张国兴 |
| 25 | 喷气涡流纺超高支合股纱的产品开发及技术研究 | 德州华源生态科技有限公司、德州学院 | 刘琳、张会青、张伟、姚园园、白杨、张英、王利军 |
| 26 | 超高分子量聚乙烯纤维混纺纱及纬曲线织物关键技术 | 江苏工程职业技术学院、江苏大生集团有限公司、南通东泰色织有限公司、江苏鼎新印染有限公司 | 陈志华、张进武、徐晓红、张炜栋、杨继烈、仲岑然、赵瑞芝、宋波、张曙光、李斌 |
| 27 | 全气候热湿舒适纱线设计与制造关键技术 | 福建长源纺织有限公司、东华大学、嘉兴学院、南京东华纤维技术发展有限公司 | 施宋伟、王朝生、李喆、张传雄、陈明宏、程国磊、陈驹、王宝秀、雷现平、陈军 |
| 28 | 集聚型赛络菲尔复合纺纱技术研究及其产品开发 | 山东联润新材料科技有限公司、中国纺织信息中心 | 陈启升、钟军、孔聪、李洋、宋静、宋富佳、李晓菲 |
| 29 | 高档精纺面料多元复合关键技术研究及产业化 | 山东如意科技集团有限公司、西安工程大学、济宁强纶新材料科技有限公司、汶上如意技术纺织有限公司、山东如意毛纺服装集团股份有限公司 | 丁彩玲、孙润军、刘晓飞、董洁、王洋洋、秦光、祝亚丽、张红梅、金帅、冯燕 |
| 30 | 高性能高档粗梳羊绒纤维纱线关键技术研发及产业化 | 康赛妮集团有限公司 | 金光、陈文浩、冯玉明、邱定坤、薛惊理、秦保新、朱贤康、侯占昌、徐亚波、张卫民 |
| 31 | 喷水织机异经异纬涤纶织物生产关键技术研发及其产业化 | 江苏德顺纺织有限公司、江苏德华纺织有限公司 | 吴国良、钮春荣、茹秋利、郭建洋、徐金兰、吴保虎、王星华、倪琪、刘小南、张浩 |
| 32 | 汉麻抗菌巾被类纺织品加工关键技术研究及产业化 | 滨州亚光家纺有限公司、天津工业大学、营口市新艺纺织有限责任公司 | 郑振荣、王红星、朱晓红、赵文伟、赵晓明、张富勇、王洪金、刘雁雁、刘建勇、李翠玉 |

续表

| 序号 | 项目名称 | 主要完成单位 | 主要完成人 |
|---|---|---|---|
| 33 | 多组分纤维面料功能化关键技术及产业化应用 | 山东沃源新型面料股份有限公司 | 武光信、刘文和、陈作芳、东明洪、张宗坤、唐凯、王红玲、唐守荣 |
| 34 | 新型结构山羊绒竹节纱研制的关键技术及应用 | 浙江中鼎纺织股份有限公司 | 沈伟凤、许笑强、陈东升、钱惠菊、曹阳、程飞、凌爱芬 |
| 35 | 纺织品清洁化生产用液状分散染料开发及其产业化应用 | 江南大学、菲诺染料化工(无锡)有限公司、张家港三得利染整科技公司 | 王潮霞、殷允杰、卜广玖、马新华、王震、李柏毅、陈坤林、陆前进、王海生、刘坤玲 |
| 36 | 印染废水处理优化运行与云管控关键技术及应用 | 广州中国科学院沈阳自动化研究所分所、互太(番禺)纺织印染有限公司、中国科学院沈阳自动化研究所、中国纺织经济研究中心 | 于广平、赵奇志、程晧、刘坚、王志广、王琳、廖勇、何王金、冯建业、秦长贵 |
| 37 | 阻燃抗浸复合面料加工关键技术及产业化 | 常熟理工学院、丹东优耐特纺织品有限公司、辽宁恒星精细化工有限公司 | 张迎春、陆鑫、赫荣君、杨青、葛川、陈丽颖、张悦、孟雅贤、陶忠华、倪成涛 |
| 38 | 多元嵌段改性有机硅水性乳液关键技术研发及产业化 | 浙江传化功能新材料有限公司、浙江三元纺织有限公司、传化智联股份有限公司、杭州传化精细化工有限公司 | 曹政、李益民、陈华群、王胜鹏、缪华丽、陈英英、吴良华、陈八斤、张鹏、蔡唱 |
| 39 | 硫化牛仔清洁高效生产关键技术与产业化 | 河北科技大学、河北新大东纺织有限公司、石家庄美施达生物化工有限公司 | 姚继明、张维、侯贺刚、魏赛男、刘幸乐、黄艳东、麻丽坤 |
| 40 | 功能性微胶囊制备及应用关键技术研发与产业化 | 常州大学、上海水星家用纺织品股份有限公司、东华大学、常州美胜生物材料有限公司、河北永亮纺织品有限公司、江苏汉诺斯化学品有限公司 | 沈守兵、彭勇刚、纪俊玲、梅山标、宋春常、陈海群、汪媛、罗艳、陈群、戴萍 |
| 41 | 高效低能耗深井曝气处理纺织印染废水的关键技术及应用 | 浙江金佰利环境科技有限公司、浙江越秀外国语学院、常州纺织服装职业技术学院、绍兴市柯桥区西纺纺织产业创新研究院 | 谢家海、谢燚、戴骏强、邹东刚、赵素云、陈晓玲、李万发、俞亦政、谢菲、平建明 |
| 42 | 高速高品质棉丝光关键技术与装备 | 杭州集美印染有限公司、东华大学 | 潘仁昌、王炜、于长海、方娜、徐锐、徐祥、白江海、俞丹 |

续表

| 序号 | 项目名称 | 主要完成单位 | 主要完成人 |
|---|---|---|---|
| 43 | 无甲醛免烫整理剂的研制及高品质免烫全棉面料的开发 | 浙江灏宇科技有限公司、江南大学 | 章金芳、袁久刚、陈万明、娄江飞、张忠、范雪荣、张永高、徐华君、王力、史元庆 |
| 44 | 高纱支纯棉免烫衬衫及其制作方法 | 广东溢达纺织有限公司 | 张玉高、周立明、袁辉、徐斗峰、刘霞、宋均燕、白玉林 |
| 45 | 原位聚合聚苯胺复合导电纱线制备关键技术与产业化 | 绍兴文理学院、苏州大学、盐城市丝利得茧丝绸有限公司、鑫缘茧丝绸集团股份有限公司、南通纺织丝绸产业技术研究院、南通宝缘生物新材料科技有限公司 | 洪剑寒、潘志娟、韩潇、陈建广、陈忠立、田龙、杨俊峰 |
| 46 | 碱法浆粘胶纤维生产及废液中半纤维素的高值化利用 | 唐山三友集团兴达化纤有限公司、河北科技大学 | 么志高、张林雅、庞艳丽、郑东义、于捍江、张浩红、宋杰、周殿朋、张荣生、韦吉伦 |
| 47 | 多功能高仿毛特种长丝的研制及产业化 | 凯泰特种纤维科技有限公司、绍兴文理学院、中国纺织科学研究院有限公司、中纺院(天津)科技发展有限公司、北京中纺优丝特种纤维科技有限公司 | 占海华、许志强、李顺希、王勇、张艳、黄芽、孙睿鑫、李志勇、孟旭、尹霞 |
| 48 | PTT/PET双组分弹性复合长丝产业化技术开发 | 桐昆集团股份有限公司、浙江理工大学 | 俞洋、刘少波、张须臻、黄华福、杨卫星、胡建松、劳海英、吕惠根、钱跃兴、陆晓丽 |
| 49 | 高品质多功能原液着色聚酰胺纤维制备关键技术及产业化 | 中国纺织科学研究院有限公司、广东新会美达锦纶股份有限公司、浙江金彩新材料有限公司、福建景丰科技有限公司、南京理工大学、中纺院(天津)科技发展有限公司、沈阳化工研究院有限公司 | 金剑、宋明、孙侠、邱志成、金志学、姜炜、李文骁、甘丽华、陈欣、张堂俊 |
| 50 | 熔体直纺高效柔性添加成套装备及工艺开发与产业化 | 新凤鸣集团股份有限公司、东华大学、无锡聚新科技有限公司 | 崔利、吉鹏、顾自江、李国平、陈向玲、陈志强、李群、姚敏刚、冯斌、崔恒海 |
| 51 | 环保型再生纤维及纺织制品的生产关键技术与产业化 | 浙江理工大学、浙江敦奴联合实业股份有限公司、浙江海利环保科技股份有限公司、杭州新天元织造有限公司、杭州硕林纺织有限公司、浙江港龙织造科技有限公司 | 张红霞、祝成炎、干浙峰、汤其明、金肖克、孙伟、姚海鹤、徐青艺、田伟、贺荣 |

续表

| 序号 | 项目名称 | 主要完成单位 | 主要完成人 |
|---|---|---|---|
| 52 | 基于物理循环利用的聚合物改性及其大直径单丝研发与产业化 | 南通新帝克单丝科技股份有限公司、南通大学 | 马海燕、杨西峰、高强、马海军、朱海燕、邵小群、徐燕、王城 |
| 53 | 嵌入式感温织物制备关键技术及其智能监测系统 | 武汉纺织大学、烟台明远创意生活科技股份有限公司、烟台明远智能家居科技有限公司、枝江市劳士德纺织有限公司 | 张如全、李德骏、吴英、陈义忠、周绚丽、唐卫峰、钟安华、蔡光明、陈刚、胡权枝 |
| 54 | 防护服装多重危害防护机理与成形关键技术及产业化 | 苏州大学、北京邦维高科特种纺织品有限责任公司、江南大学、代尔塔(中国)安全防护有限公司、现代丝绸国家工程实验室（苏州）、南通大学 | 卢业虎、刘福娟、关晋平、柯莹、李秀明、张成蛟、徐毅、何佳臻 |
| 55 | 增强型吸附杂化中空纤维分离膜技术开发及在水处理领域中的应用 | 天津工业大学、天津汉晴环保科技有限公司 | 王捷、刘丽妍、崔钊、韩永良、赵义平、张阳、白静娜、郑洋洋 |
| 56 | 金属纤维滤材关键技术的研发及产业化应用 | 山东泰鹏新材料有限公司 | 孙远奇、马红杰、范明、张涛、栾智兴、王立宏、卢文婷、李松、王芳雪 |
| 57 | 防冲击耐切割手部防护装备关键制备技术及产业化 | 赛立特(南通)安全用品有限公司、南通大学、上海赛立特安全用品股份有限公司、浙江睿丰智能科技有限公司 | 严雪峰、赵卫、马岩、郭滢、张秀云、管钰泽、兰善兵、陶春明、陈振前、赖青香 |
| 58 | 防渗胶超薄型机织粘合衬制备关键技术及产业化 | 上海天强纺织有限公司、浙江银瑜新材料股份有限公司、上海天洋热熔粘接材料股份有限公司、浙江金衬科技股份有限公司 | 李孟、凌秉文、李哲龙、李国华、李刚、穆立东、陈勇、黄山 |
| 59 | 可重复用PET/PTFE系列医用防护面料的技术开发与产业化 | 中纺院(浙江)技术研究院有限公司、北京中纺化工股份有限公司、北京北安辰环保科技有限公司、浙江中海印染有限公司、上海英之杰纺织品有限公司 | 崔桂新、杨国荣、李建华、田矿、黄雪良、余浪、李翔、许增慧、曹晨笑、李俊玲 |
| 60 | 空间点阵结构增强充气材料的制备及产业化 | 浙江理工大学、浙江华生科技股份有限公司、浙江中天纺检测有限公司 | 蒋生华、刘向东、沈国康、李妮、王建平、蒋秦峰、邓秀妍、钱建华、祝国成、肖远香 |

## 三、特别贡献奖（桑麻学者）

| 序号 | 姓名 | 工作单位 |
|---|---|---|
| 1 | 陈南梁 | 东华大学 |
| 2 | 程博闻 | 天津科技大学 |
| 3 | 毛志平 | 东华大学 |
| 4 | 周华堂 | 中国石油天然气集团公司咨询中心 |

注 排名不分先后，按姓名拼音顺序。

中国纺织工业联合会
科学技术奖获奖项目简介

# 大褶裥大提花机织面料喷气整体织造关键技术研究及产业化应用

**主要完成单位：**淄博银仕来纺织有限公司、东华大学

**主要完成人：**李毓陵、刘宗君、李杰、马颜雪、孙红春、章学文、胡吉永、田成杰、薛文良、刘克文、刘京艳、张瑞云、李海峰、苏衍光、郭颖

该项目在深入分析机织褶裥面料的整体成形原理的基础上，系统地探讨了整体褶裥的成形过程和织造难点，通过须条引导型纺纱、低张力整经、超声波上浆、自反转送经，以及强控型布边和创新分区目板等关键技术研发，解决了大褶裥机织面料整体织造过程中，由于上下织口异步移动所造成的经纱张力波动大、断头率高和布边成形不良等问题，实现大褶裥大提花面料的喷气织机高质高效整体织造，最大褶裥宽度达到23.7mm，突破了最大褶裥宽度仅为6mm的现有整体织造的技术瓶颈。

在成功研发大褶裥机织面料整体织造技术的基础上，项目结合市场消费需求和流行趋势，通过褶裥宽度和褶裥密度的变化，以及颜色和图案的艺术融合，设计开发了系列化大、小提花整体褶裥面料，其中素色小提花面料12种，色织小提花面料11种，大提花面料12种，并实现了产业化生产。形成了年产200万米大提花整体褶裥面料的生产能力，产品已在服装和家纺领域得到广泛应用，具有良好的经济和社会效益。

该项目申请专利5件，已授权专利5件，其中，发明专利3件，实用新型专利2件。项目探

究的机织褶裥面料整体织造技术，为服装和家纺面料市场的新产品开发提供了新的设计思路和技术支持。同时，在项目实施的过程中，建立的面料创新研究体系和创意研发平台，以及所形成的以技术创新为支撑、以市场需求为导向的创新产品开发模式，对提升企业自主创新能力和市场竞争力，乃至整个面料行业的创新能力和市场竞争力，具有重要的现实意义。

# 海藻纤维制备产业化成套技术及装备

**主要完成单位：**青岛大学、武汉纺织大学、青岛康通海洋纤维有限公司、绍兴蓝海纤维科技有限公司、山东洁晶集团股份有限公司、安徽绿朋环保科技股份有限公司、邯郸宏大化纤机械有限公司

**主要完成人：**夏延致、朱平、王兵兵、张传杰、全凤玉、隋淑英、隋坤艳、刘云、纪全、崔莉、薛志欣、王荣根、田星、金晓春、林成彬

　　开发海藻纤维，向海洋要资源，是在土地、石油资源日益枯竭情况下，继续推进我国经济社会发展的必然选择。然而，海藻纤维存在的力学性能低、产能低、遇盐水遇碱性溶液会溶解、初生纤维粘连并丝、纤维难染色等问题数十年来一直未能得到解决，这将海藻纤维的应用局限于"量小面窄"的医用纤维领域，仅用于开发医用敷料和护理材料。

　　该项目在国际上首次实现了海藻纤维强度提高、产能提升、耐盐耐碱性洗涤剂（耐皂洗）洗涤、无脱水剂（酒精、丙酮等）分纤、有色纤维制备等关键技术的突破。主要技术发明点包括：（1）研发了海藻纤维高质、高效环保制备成套技术及装备，包含纤维级海藻酸钠粉体制备、纺丝液的高质高效快速制备、海藻纤维凝胶成型控制和纤维高倍牵伸、纺丝凝固浴循环回收等技术及装备。实现了海藻纤维纺丝专用原料的生产，使纺丝效率的大幅提升，突破了海藻纤维产能低、强度差的技术难题，使海藻纤维自动化大规模生产成为现实。（2）发明了耐盐、耐碱性洗涤剂（耐皂洗）海藻纤维制备关键技术及装备，针对海藻纤维在含盐或碱性洗涤剂的溶液中迅速发生溶解/降解的难题，发明了海藻酸盐分子间交联技术及交联成套工业化装备，克服了海藻纤维织物不可机洗的缺点，使海藻纤维在纺织服装材料领域的应用成为现实。（3）研发了海藻纤维无脱水剂（酒精、丙酮等）分纤及纤维功能化集成技术，首创了海藻纤维无脱水剂（酒精、丙酮等）分纤技术，实现了无脱水剂快速分纤；研发了海藻酸钠与其他水溶性高分子（PVA、CMC等）共混纺丝技术，以及海藻纤维原液着色技术、荧光海藻纤维和抗菌海藻纤维制备技术，开拓了海藻纤维功能化的应用领域。

　　该项目获授权发明专利20件，制定并实施协会标准2项，发表学术论文200余篇，开发并成功生产纺织服装、生物医疗、卫生保健三大系列共20多个海藻纤维产品，打破了国内外海藻纤维产品单一用于医用敷料和护理材料的局面。

# 万吨级新溶剂法纤维素纤维
# 关键技术研发及产业化

**主要完成单位：**山东英利实业有限公司、保定天鹅新型纤维制造有限公司、东华大学、山东大学、天津工业大学、山东省纺织设计院、上海太平洋纺织机械成套设备有限公司、山东建筑大学

**主要完成人：**朱波、李发学、韩荣桓、高殿才、宋俊、路喜英、于宽、曾强、郑世睿、李永威、梁勇、魏广信、蔡小平、陈鹰、孙永连

Lyocell 纤维是一种绿色环保再生纤维素纤维，具有天然纤维本身的特性，如吸湿性、透气性、舒适性、光泽性、可染色性和可生物降解性等，还具有合成纤维高强度的优点，其强度与涤纶接近，远高于棉和普通的黏胶纤维，在纺织等行业具有广阔的应用前景。目前，国内 Lyocell 纤维的研究还处于中试阶段，还存在设备匹配不协调，浆粕溶解速度慢，纺丝原液不均质，溶剂回收率低等技术瓶颈，导致 Lyocell 纤维纺丝过程不稳定，产品质量不稳定，生产成本过高等，严重阻碍了 Lyocell 纤维的工业化发展。

该项目在国内 Lyocell 纤维生产过程中首次完成了万吨级新溶剂法纤维素纤维生产全过程计算机控制系统的设计、集成、软件开发，实现了新溶剂法纤维素纤维生产全过程自动化，掌握了核心控制技术；集成配备了万吨级新溶剂法纤维素纤维生产装备，优化了生产工艺，首次实现了万吨级新溶剂法纤维素纤维的稳定达标生产，并在万吨级新溶剂法纤维素纤维生产线上，开展了系统的理论研究，获得了影响产品性能的生产实际规律，突破了纤维制备的理论瓶颈，同时攻克了溶剂净化回收、浓缩技术。

该项目已获得授权发明专利 4 件，软件著作权 1 项，实用新型专利 30 件，发表论文 3 篇，制定企业标准 1 项，提交修订行业标准申请 1 项。项目已在山东英利实业有限公司实现产业化；产品已在山东省高密市康泰纺织有限公司、临邑恒丰纺织科技有限公司、德州华韵纺织科技有限公司等多家企业获得推广，效益显著。该项目的推广应用，打破了国外对我国 Lyocell 纤维生产技术的垄断，显著提升了我国新溶剂法纤维素纤维生产技术和装备水平，为我国化纤行业的结构调整和转型升级做出了积极贡献。

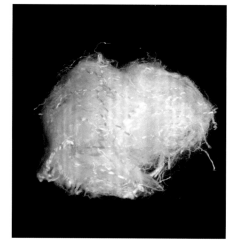

# 多功能飞行服面料和系列降落伞材料
# 关键技术及产业化

**主要完成单位：**上海市纺织科学研究院、成都海蓉特种纺织品有限公司、上海三带特种工业线带有限公司

**主要完成人：**吴英、李峰、汤泱、张荣、林霄、蔡敬刚、华里发、刘五终、邓新华、张承瑜、付昌飞、边丽娟、宋允、李赛、张邱平

该项目根据我国飞行员防护救生服装多功能、简约化及降落伞性能必须满足先进战机新的需求，实现全天候、高平原通用的设计要求，迎合我国新型战机高空高速发展趋势而立项。

项目围绕集多功能一体的防护救生服装面料和高性能降落伞材料制造关键技术和产业化展开，创建了"结构设计—纤维织造—整理—功能材料—复合"集成创新生产技术体系，突破了各项功能之间的制约和限制，研发了集高强、阻燃、防水、透湿、防电磁辐射、防静电、防油污等多项功能于一体的飞行员救生服；攻克了"限定负荷自动调节复合织物"和"单向弹性绸"制备关键技术，研究了自适应透气量救生伞结构，达到了降落伞阻力系数自动调节，实现了在不同压差下的可变透气功能，解决了救生伞高原及平原通用、全天候一体化的难题；突破了"杂环芳纶伞材耐磨损整理""涂层降落伞材料抗粘连整理"和"锦丝绸耐高温整理"关键技术，提高了降落伞的耐磨性能，避免了高压压缩包中伞衣、伞带粘连现象，使阻力伞的使用寿命提高50%以上，满足了我国新型战机高空高速发展的需求。编制国家军用标准20多项，构筑了高性能降落伞材料等特种工业用纺织品性能评价体系。

该项目已授权发明专利9件（其中国防专利5件），实用新型专利1件，核心技术具有自主知识产权。该项目研制和生产的多功能飞行服面料和系列高性能降落伞材料，大量用于我国航空航天领域，如"神舟"系列飞船、天宫一号和先进战机，充分体现了我国纺织科技水平，经济效益和社会效益显著。

## 医卫防护材料关键加工技术及产业化

**主要完成单位**：东华大学、天津工业大学、浙江和中非织造股份有限公司、绍兴县庄洁无纺材料有限公司、绍兴振德医用敷料有限公司、绍兴唯尔福妇幼用品有限公司、山东颐诺生物科技有限公司

**主要完成人**：靳向煜、程博闻、吴海波、柯勤飞、康卫民、韩旭、王庆生、王洪、胡修元、黄晨、殷保璞、王荣武、高海根、李白

21世纪人们追求健康生活和自我保护的意识不断增强，医卫防护材料的需求量快速增长。然而，我国医卫防护材料行业整体技术水平偏低，低端同质化现象严重，缺乏高档、专用化产品。

该项目研究了熔喷超细纤维成型技术，优化了熔喷模头结构参数及熔喷工艺条件；研究了熔喷超细纤维滤料驻极技术，通过添加纳米材料改性，提高了驻极熔喷滤料过滤效率及持久性；研究了医疗用 SMS 纺熔集成技术，优化并验证了宽幅纺熔模头的聚合物熔体分配系统和宽幅窄缝正压牵伸装置的结构，分析了宽幅多模头纺熔复合成型固结技术；通过整理剂浓度、焙烘温度、抗静电剂配比优化等工作，得到了聚丙烯 SMS 材料三拒一抗后整理最优工艺；通过导流层材料结构设计和成网固结技术研究，开发出纤维定向排列导流层与纤维凝聚排列阻尼层复合的导流层材料；研究了节能型水刺加固技术，注重功能性、差别化、天然木浆等纤维的应用，开发出功能型医卫材料，项目整体技术达到国际领先水平。

该项目关键技术已获授权发明专利7件；发表论文25篇；已建立热风和水刺加工、熔喷

和功能性后整理、妇婴用品加工产业化示范基地，建立热风、水刺、熔喷、后整理、妇婴卫生制品示范线6条，已形成高效低阻口罩10亿只/年、医用三抗 SMXS 防护服1400万套/年、妇婴用卫生制品双网复合导流层材料 2200t/年、水刺功能性医卫材料 15000t/年的产能。项目显著提升了我国医卫防护材料行业的技术水平和核心竞争力，社会效益显著。

# 高品质差别化再生聚酯纤维关键技术及装备研发

**主要完成单位**：海盐海利环保纤维有限公司、中国纺织科学研究院、海盐海利废塑回收处理有限公司、北京中丽制机工程技术有限公司

**主要完成人**：陈浩、仝文奇、方叶青、沈玮、金剑、蒋雪风、姜军、张吴芬、董凤敏、翟毅、朱华生、周晓辉、吴海良、刘永亭、吴昌木

该项目围绕行业提质增效、节能减排的迫切需求，突破、创新并集成高品质差别化再生聚酯纤维产业化生产关键技术及装备，建成国内外规模最大的 $1.5 \times 10^5 t$ / 年的废弃聚酯瓶加工清洗生产示范线和 $2 \times 10^5 t$ / 年再生聚酯纤维生产示范线。

项目在工艺技术、装备制造和产品开发方面系统地进行了大量的研发和集成创新：创新开发了整瓶正向拣选、熔体调质均化增压、高粘纺丝、智能化生产和清洁生产等技术；创新研制了专用的自动脱标、正向分拣、调制均化、二路进气沸腾干燥、二级增压过滤和在线添加动态混合、高粘纺丝箱体、组件及卷绕机等关键设备；攻克了再生聚酯杂质含量多，黏度、色泽差距大，纺丝断头多，产品品种单一等难题；将自动化、数字化、智能化技术运用在再生聚酯纤维生产工序，提高了产品品质和生产效率。

该项目具有自主知识产权：申报国家发明专利4件，其中授权2件，申报并授权实用新型专利22件；编制国家标准1项、行业标准5项。项目开发了再生涤纶POY、FDY、ITY三大系列产品，纤维断裂强度分别达到2.27cN/dtex、4.11cN/dtex、1.99cN/dtex。产品被广泛应用于高档服装、窗帘、地毯、毛绒玩具等领域，尤其在地毯、窗帘等领域替代原生产品使用优势明显。至2015年底，累计实现销售收入118332万元、利润4492万元、上缴税费2138万元，经济效益显著。估算每年可回收利用100亿个（25万吨）废聚酯瓶，折算成标煤57万吨，减少二氧化碳排放60万吨，节约填埋空间70万立方米，环境效益显著。

该项目显著提升我国回收旧聚酯（PET）瓶生产聚酯纤维行业技术和装备水平，对提高产品附加值、提升产品竞争力和促进行业技术水平进步做出积极贡献。

# 聚酯酯化废水中有机物回收技术

**主要完成单位：**上海聚友化工有限公司、桐昆集团股份有限公司、江阴华怡聚合有限公司、中国石化上海石油化工股份有限公司涤纶部、桐乡市中维化纤有限公司、中国纺织科学研究院

**主 要 完 成 人：**汪少朋、张学斌、白丁、李红彬、孟华、武术芳、甘胜华、严宏明、李传迎、郑弢、钱文程、矫云凤、赵新葵、李辉、冯秀芝

聚酯 PET 是纺织工业最重要原料，国内年产能 4600 万吨，酯化工序产生大量废水，主要含有乙醛、2- 甲基 -1，3- 二氧戊烷（2-MD）、乙二醇（EG）等有机物。乙醛危害大且对细菌具有很强的毒性，为生化处理带来很大困难。乙二醇沸点高、难挥发，采用蒸汽汽提很难去除，严重制约废水中 COD 的去除率及处理成本。对这类有机物传统的处理方式是汽提后直接焚烧及生化处理，但会造成二次危害。醛、醇类作为重要的化工原料，具有极高的利用价值，因此应用新技术回收这类有机物显得尤为重要。

该项目针对聚酯酯化废水中有机物组成极其复杂、汽提后废水 COD 高、回收的乙醛品质性能极不稳定以及乙二醇回收装置能耗高的关键技术难题，通过对不同聚酯酯化工艺及不同生产规模装置产生的酯化废水中有机物的组成及含量进行分析和研究，剖析 2-MD 生成和分解的机理，将反应精馏、多效精馏技术应用于聚酯废水中有机物的回收，开发出与聚酯装置规模及工艺相匹配的系列化工艺流程技术和装置，突破了汽提后废水中乙二醇含量高的技术瓶颈，解决了废水中有机物回收率低的难题。通过对影响乙醛品质的多种因素深入研究，开发出一整套保证乙醛品质性能的工艺技术，彻底解决了影响乙醛纯度和性能稳定的难题。应用多效精馏技术优化乙二醇回收工艺，极大地降低了能量消耗。项目申请发明专利 6 件，已授权 5 件，科技成果鉴定 2 项，发表论文 3 篇。

截至 2015 年底，项目已推广至 6 家企业累计 1137 万吨 / 年的聚酯装置上，建成 11 条生产线，其中已有 8 条线的回收装置实现了工业化运行，达到了运行稳定。该回收装置投资成本少，运行成本低，回收周期短，所得产品质量优良的良好效果，为促进化纤行业低碳减排、清洁生产做出了重要贡献。

# ISO 14389：2014 纺织品
# 邻苯二甲酸酯的测定 四氢呋喃法

**主要完成单位：**中纺标检验认证有限公司、吉林出入境检验检疫局、中国纺织科学研究院
**主 要 完 成 人：**斯颖、牟峻、郑宇英、井婷婷、李爱军、朱缨、徐路、章辉

邻苯二甲酸酯类物质作为PVC等塑化材料增塑剂，广泛地应用于纺织辅料、涂层织物及儿童用品，其属于环境激素类物质，对人体具有一定危害。在欧美等国出台法规对邻苯二甲酸酯提出限量要求，而国际尚无标准的情况下，我国于2009年向ISO提出主导制定国际标准"纺织品中邻苯二甲酸酯测定"的新提案，历经五年于2014年正式发布。

ISO14389：2014规定了纺织品中邻苯二甲酸酯的测定方法，检测技术达到国际先进水平，提出了多项技术创新点，包括采用高效节能的前处理方法，取代了欧美等国提出的索氏提取法，且在其他各国的同类试验中广泛使用；选取了低毒化学试剂，减少了对试验操作人员和环境的危害和污染，符合各国倡导的绿色环保安全健康的理念；采用DCHP作为内标物，有效地校正和追踪试验过程中的偏差，确保试验的准确性；面对纺织品涂层涂料加工工艺日趋复杂的情况，解决了涂层含量分析方法的技术瓶颈。

ISO 14389：2014在全球应用，尤其在ISO/TC38（纺织品技术委员会）的78个成员国中得以推广和采纳；欧盟在本标准发布后，采用确认法将本标准转化为欧盟标准（EN ISO 14389：2014），英、德等欧盟成员国标准均采纳了本标准。我国已转化采纳 ISO 14389：2014 为我国标准 GB/T 20388，并被我国强制性标准 GB 31701—2015《婴幼儿及儿童纺织产品安全技术规范》所引用，由此将在全国广泛实施。

该项目是我国纺织领域实质与参与国际标准化工作，将具有我国优势检测技术推向了国际，为国际贸易提供了统一的检测方法，全面提升纺织产品的国际竞争能力，保护我国纺织品贸易均具有深远的影响。

# 汉麻高效可控清洁化纺织加工关键技术与设备及其产业化

**主要完成单位：**总后勤部军需装备研究所、武汉汉麻生物科技有限公司、云南汉麻新材料科技有限公司、郑州纺机工程技术有限公司、恒天立信工业有限公司

**主要完成人：**郝新敏、张华、张国君、高明斋、刘雪强、冯新星、刘辉、杨元、马德建、李新奇、张长琦、方寿林、王飞、杨伟巨、李伟

针对麻纤维生产中污染重、能耗高、效率低、品质差等世界难题，以节能减排、高效、可控、精细为目标，通过系统研发，形成了从工艺到设备、原料到成品、产品到标准、技术到产业化的全方位创新体系。该项目主要技术内容：

（1）发明了"机械—生物—高温漂洗"三位一体环保脱胶新工艺和设备，突破了传统工艺污染、耗能、均匀和可控的技术瓶颈。（2）发明了连续化带状分纤水洗、漂洗柔软和快速渗透养生新工艺和设备，国际上首次实现韧皮纤维连续化加工，降低了劳动强度，减少了污水排放，提高了精干麻分裂度、均匀性、柔软性和生产效率。（3）研发了预梳成条、牵切梳理、精梳分理、精细梳理等麻类前纺新工艺和设备，实现了纤维的长短和粗细可控，清洁化和利用率大幅提升。（4）研发了汉麻纤维双清双梳、紧密赛络和潮态等纺纱关键工艺和设备，实现了高比例混纺、高支化、清洁化生产。（5）研究了汉麻混纺产品染色、柔软及抗皱等关键技术，研制了功能性汉麻系列纺织品。

该项目申请国家发明专利26件，授权15件，实用新型授权10件，美国专利授权1件，获中国发明协会金奖1项。制定国家标准6项、行业标准2项、军用标准2项。在云南和湖北建成

了世界首个年产5000t汉麻纤维和纱线专业生产厂，开发了针织、机织、家纺、产业用系列产品，在军队和民品得到广泛应用。高品质汉麻纤维及纺织品的产业化，不仅增加了农民的就业和收入，促进了麻纺技术和设备的升级，推动了行业可持续发展，也为纺织结构调整、"三品"战略实施提供了技术和产品支撑，社会和经济效益显著。

# 环锭纺纱智能化关键技术
# 开发和集成

**主要完成单位**：山东华兴纺织集团有限公司、郑州轻工业学院、郑州天启自动化系统有限公司、赛特环球机械（青岛）有限公司、日照裕华机械有限公司

**主 要 完 成 人**：胡广敏、王永华、王士合、王成吉、刘文田、邵国、赵鸣、杜荣宝、张保威、江豪、潘广周、刘晓燕、方玉林、张文正、周永峰

该项目通过对国内外不同供应商的设备和系统全流程综合集成，建成了从原料投入成品入库的全自动生产线。开发了在线监测信息系统、条筒 AGV 输送系统、细纱接头智能导航系统、筒纱智能包装与输送系统等；开发了环锭智能纺纱管理系统，实现了柔性化生产管理，生产质量在线检测及分析；建立了多维质量数据分析模型，采用可逆向动态追踪技术实现对产品的生产过程及进度追踪；通过综合数据分析，实现了对企业生产经营决策的支持。提高了生产效率，缩短了研发周期，减少了用工，提升了纱线质量，经济效益和社会效益明显，对纺织行业的转型升级具有很好的示范作用。项目主要创新点：

（1）全集成自动化纺纱生产线。（2）环锭智能纺纱管理系统。（3）多维纺织质量数据关联分析、逆向动态追踪系统。该项目还形成了纺纱智能化关键技术和自主知识产权体系，授予发明专利 2 件，申请发明专利 2 件；形成著作权 4 项。

通过项目实施，每年可生产高档混纺纱 6000t，实现销售收入 66195 万元，利润 10559 万元；能够有效提高生产效率 30%，缩短产品生产周期 35%，在制品库存资金周转加快，取得间接经济效益 10%；企业万锭用工数量下降 75%，降低人工成本可达 70%；能源利用率提高 12%；智能配棉的应用，可平均降低配棉等级 0.5 级，可大幅降低用棉成本；企业综合运营成本降低 25%。

项目针对纺织行业劳动密集，生产设备繁多的特点，采用智能化设备，并通过将不同类型和功能的智能单机设备进行互联，实现全流程连续化、智能化生产，形成柔性化新型生产模式，对落实《中国制造 2025》，实现传统产业转型升级发展，具有重要的意义。

# 活性染料无盐染色关键技术研发
# 与产业化应用

**主要完成单位：**青岛大学、愉悦家纺有限公司、天津工业大学、孚日集团股份有限公司、上海安诺其集团股份有限公司、华纺股份有限公司、鲁丰织染有限公司、山东黄河三角洲纺织科技研究院有限公司

**主要完成人：**房宽峻、刘秀明、李付杰、门雅静、纪立军、罗维新、林凯、张建祥、蔡文言、巩继贤、石振、田立波、陈凯玲、张战旗、李春光

活性染料是世界上纤维素等纤维印染用最主要染料。但是，染色过程中盐用量大、染料利用率低、能耗和水耗高、一次成功率低，是制约印染行业可持续发展的重大瓶颈问题。因此，研发活性染料无盐染色技术是纺织印染行业的重大任务。由于受染色理论、纤维和织物种类、生产设施、化学品等诸多因素影响，实现活性染料无盐染色必须突破传统染色理论、生产工艺和装备、专用染料和助剂等重大技术难题。该项目通过多年的系统技术攻关，突破了传统染色理论和无盐染色技术瓶颈，自主创新研发出织物和原纤维无盐染色成套技术和装备，主要技术内容包括：

（1）创建了基于活性染料电中性分子反应的无盐染色新理论。（2）创新研发出织物无盐染色成套工艺与装备。（3）研究出棉、麻原纤维无盐染色成套工艺与装备。（4）创新研发出全色谱系列无盐染色专用活性染料和固色碱剂。

该项目在成套技术及装备创新开发的基础上，创建了织物和原纤维无盐染色生产线，首次实现了无盐染色的产业化应用，彻底消除了盐的使用，大幅度提高了产品质量和附加值。织物染色一次成功率达到98.5%，与两相法染色相比，成功率提高5.5%，节能27%，减少污染物排放74.2%；与常规散纤维染色相比，生产成本降低32%，节约化学品67%，减少废水排放量46%。项目申请发明专利33件，其中授权20件，发表论文30篇。

项目已建成织物无盐染色生产线4条，棉和亚麻纤维无盐染色生产线各1条，成果在愉悦家纺、孚日集团、华纺股份和鲁丰织染等多家企业得到推广应用，产品得到国内外企业的广泛好评。项目所开发的具有自主知识产权的无盐染色技术与装备，对纺织印染行业加快新旧动能转换具有重要推动和示范作用，提升了我国纺织印染行业的整体竞争力。

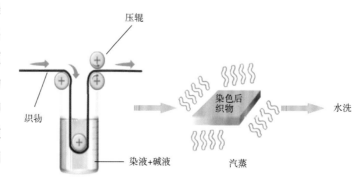

# 基于机器视觉的织物智能整花整纬
# 技术产业化研究及应用

**主要完成单位：**常州市宏大电气有限公司、清华大学、江苏联发纺织股份有限公司

**主 要 完 成 人：**顾金华、朱剑东、吴冠豪、顾丽娟、肖凯、刘兵、刘伟、宋淑娟、周思宇、徐光耀、卢焦生、夏万洋、卢荣清

该项目采用基于机器视觉的整纬技术、整花技术、整纬整花一体技术、整机智能控制等先进技术和可大于8000个检测点的工业相机智能成像技术，实现对织物纬向纹理与图案的精确检测，其矫正精度可达到1.0cm/m幅宽，打破传统光电整纬机和普通图像整纬机对织物织法、纹理、密度、纱线粗细等各种限制，整花功能创造性地解决了提花布、印花布、色织布等具有花型图案织物的变形问题，整纬功能解决光电整纬无法解决的斜纹、磨毛、轻薄、厚重、雪纺等纺织品的整纬难题，为下游生产企业创造了核心价值。

该项目拥有知识产权13件，其中，发明专利授权2件，实用新型专利授权5件，外观设计专利授权1件；软件著作权2项。

该项目产品的成功研发打破了个别国家技术垄断的局面，填补了国内空白。该产品国内市场年需求量在300台左右，且呈不断上升趋势。另外，由于产品解决了光电整纬机无法解决的问题，形成了大批新型刚需市场，加上产品拥有很高性价比，极具市场竞争优势，不但可填补国内空白替代进口，还能参与国际市场竞争，创造外汇，市场前景十分广阔。预计项目批量达产后，将形成300台的生产能力，实现年销售收入1.5亿元，年新增利税5000余万元。按年产200台计算，可为国家节约外汇1800万美元，节约投资1.1亿元人民币；大幅提高了织物后整理的一次成型率，提升织物档次，降低工厂的能耗，带动下游产业同步发展。该设备在市场上全面推广，将极大地促进我国染整、织造企业的发展，有力地推动我国纺织制造业的快速稳步发展。

# 极细金属丝经编生产关键技术及在大型可展开柔性星载天线上的应用

**主要完成单位：**东华大学、西安空间无线电技术研究所、五洋纺机有限公司、江苏润源控股集团有限公司、常州市第八纺织机械有限公司

**主要完成人：**陈南梁、马小飞、蒋金华、邵光伟、傅婷、冀有志、张晨曙、王敏其、王占洪、谈昆仑、徐海燕、贾伟、邵慧奇、张磊、林芳兵

该项目主要围绕星载天线金属网制备关键技术及产业化展开，攻克和掌握了星载天线金属网生产的应用基础研究及生产加工核心关键技术，并全面实现了国产化。主要技术创新包括：

（1）突破了高模低伸极细金属丝并线合股技术，解决了直径15~30μm的极细高模低伸金属丝加捻后金属股线出现残余扭矩的问题。（2）攻克了金属网经编工艺及设备关键技术，突破了极细金属丝的整经及经编技术，创新开发了极细金属丝专用整经及经编编织设备，为经编网格结构及成形过程奠定了基础。（3）创新了柔性天线网结构设计，开发了满足不同频段应用的网格结构，明确了不同结构参数与金属网性能相互关系规律。（4）攻克了网格微结构与力学性能的模拟及关联性机理，突破了金属网几何结构三维仿真，实现了对经编金属网结构与性能的模拟。

项目成果具有自主知识产权，已获得授权发明专利14件，实用新型专利6件；发表论文20篇，硕博论文6篇；建立了金属网生产线1条，并实现了产业化。

该项目产品自2014年实施应用以来，取得了显著的经济效益和社会效益。已累计新增产值达12亿元，新增利润2.4亿元，新增税收4800万元，带动卫星天线产业产生的间接经济效益超过100亿元。项目研制的金属网产品已于2015年和2016年分别在我国"北斗"导航、"天通一号"等高性能卫星上成功应用，极大地提高了我国卫星的通信能力。项目填补了国内空白，打破了国外技术垄断，达到国际领先水平。这一成果使我国成为继美国之后世界上第二个能够研制口径10m以上收发共用星载天线的国家，具有广阔的发展前景。项目成果也有力促进了传统纺织技术的发展，是产业用纺织品应用在高技术领域的一个典范。

# 大容量锦纶 6 聚合、柔性添加及全量回用工程关键技术

**主要完成单位：**福建中锦新材料有限公司、湖南师范大学

**主 要 完 成 人：**吴道斌、易春旺、陈万钟、郑载禄、瞿亚平、林孝谋、潘永超、王子强、彭舒敏、刘冰灵、詹俊杰、张良铖

该项目将模拟计算与技术经验相结合，通过减小长径比、优化内构件，有效调控熔体在 VK 管中流速分布，实现分子量均匀分布，设计出单线 400t/d VK 管；基于铝酸酯偶联剂、己内酰胺改性包覆二氧化钛，制备粒径细化均匀的二氧化钛，结合循环自吸加料工艺，有效抑制二氧化钛的团聚，建立省时高效的二氧化钛一次调配工艺，开发高品质全消光锦纶 6 切片；开发出 TAD、SEED 和 PTA 复合配方及柔性添加工艺，攻克使用传统添加剂时纤维手感刚硬、染色鲜艳性下降的难题；利用高效蒸汽压缩设备，设计环保节能的蒸汽循环压缩 RCV 工艺；基于环状二聚体晶形转变和团聚机理，通过调控浓缩液中己内酰胺和环状二聚体的比例，从技术层面解决高浓度浓缩液沉降导致的设备堵塞这一重要问题；通过优化低元体解聚工艺及升级精馏设备，提高己内酰胺的收率，实现浓缩液全量回用；设计出新型切片远程无尘输送设备；基于科学严谨的原料产品质量监测体系，结合工艺智能控制模式，建立完善的产品质量和装置安全运行管理机制。

项目新建一条 400t/d 高品质全消光锦纶 6 聚合生产线，生产连续，产品质量稳定，FDY 和 POY 系列纤维品种满卷率和双 A 率均高于 98%，纤维手感柔顺，色泽鲜艳；广泛应用于高档贴身内衣、针织服装、泳装、健美装和休闲服饰等产品。形成了大容量聚合关键设备研制、关键工程技术设计、高品质产品开发、科学严谨的产品质量管理及智能工艺控制集成技术体系，奠定了全消光锦纶 6 切片和纤维等高附加值产品规模化制备及应用的基础。授权发明专利 5 件，实用新型专利 17 件，形成了完整的自主知识产权体系。

项目所开创的工艺环保、节能、产品综合、高效、高附加值、高利用率的局面，为推广实施大容量聚合工程提供新思路，对我国锦纶 6 切片及化纤行业技术进步及产业升级起到引领示范作用。

## 工业烟尘超净排放用节能型水刺滤料
## 关键技术研发及产业化

**主要完成单位：**南京际华三五二一特种装备有限公司、江南大学

**主要完成人：**夏前军、邓炳耀、于淼涵、何丽芬、刘建祥、何文荣、刘庆生、徐新杰、张国富、郁宗琪

该项目提出并突破了超净（低）排放用节能型水刺滤料产业化生产一系列关键技术问题，建立了完整的产业化工艺技术。项目主要创新点为：

（1）基于水刺开纤技术构建滤料表面超细纤维致密层。（2）高密度低损伤复合加固工艺技术。（3）滤料表面精细化工艺技术。（4）针孔自动封闭技术。

该项目已获授权发明专利7件、实用新型专利1件。项目产品已在中国石油化工股份有限公司齐鲁分公司、唐山三友化工股份有限公司热电分公司、南京中联水泥有限公司、大连市热电集团东海热电厂等一大批国内大型热电厂和水泥厂的推广应用，粉尘排放浓度一直保持在 $10mg/m^3$ 以内，实现了超净（低）排放。例如，唐山三友化工股份有限公司热电分公司，于2014年12月，在3号炉（480t/h）上使用该项目产品 PPS/PTFE 复合水刺滤料，与之前使用相同纤维配比的针刺滤料相比，粉尘排放浓度减少了 $10mg/m^3$，大约每台锅炉每年可减少7t左右的微细粉尘排放；齐鲁石化一台锅炉运行每年可节约 $1×10^6kW·h/$ 年，如推广到全国 $8.8×10^9kW$ 火力发电，只要仅20%的除尘器使用水刺滤料，每年至少减少8000t的微细粉尘排放，每年能耗节约 $1.76×10^8kW·h/$ 年。节能环保效益十分显著。

项目的推广为试验并指导上游纤维生产企业改进纤维原料性能，拉动高性能纤维产业链发展，为全面提升我国高性能纤维应用和环保滤料行业的技术水平和环保滤料国际竞争力做出重要贡献，奠定我国环保滤料国际地位，也必将为我国环境治理做出更大的贡献。

# 聚丙烯腈长丝及导电纤维产业化关键技术

**主要完成单位**：常熟市翔鹰特纤有限公司、东华大学、中国石油天然气股份有限公司大庆石化分公司

**主要完成人**：陶文祥、陈烨、王华平、曲顺利、徐洁、王蒙鸽、张玉梅、王彪、郭宗镭、徐静、邢宏斌、刘涛

聚丙烯腈长丝具有耐老化、防腐蚀、易功能化等特性，是高端仿真面料、战略武器与航空航天等高端军事装备屏蔽网的关键基础材料，是纤维领域高端制备的标志性品种。项目组在充分研究聚丙烯腈长丝的成形特点基础上，构建聚丙烯腈原液的均质化制备及其长丝的稳定连续化生产技术体系，制备高品质聚丙烯腈长丝及其导电纤维，主要创新如下：

（1）长丝级聚丙烯腈原液高效稳定制备技术。结合程序升温控制自由基浓度等技术，调控了丙烯腈、醋酸乙烯酯、甲基丙烯酸磺酸钠三元共聚序列结构，制备了均匀稳定的高品质原液。（2）高品质聚丙烯腈长丝连续制备工程技术。发明了聚丙烯腈长丝旋转纺丝、蒸汽浴牵伸、热管致密化及高温塑性变形等关键技术，自主研制了阶梯式模块化聚丙烯腈长丝纺丝成套装置，制备了表面树皮状的聚丙烯腈长丝，攻克了原丝稳定性均匀性控制难题。（3）高效聚丙烯腈长丝加弹加捻技术。研究了聚丙烯腈长丝变形机理，开发了水、热协同的管式增塑与转子式高效加弹加捻一体化技术，构建了工艺与装备体系；发明了专用张力平衡仪，减少加弹过程中的张力波动，确保丝条的强度、伸度及其均匀性。（4）铜系聚丙烯腈导电纤维制备关键技术。开发了一步法浸渍、原位还原的铜系表面络合与铜镍合金化技术，生产了耐久性导电聚丙烯腈长丝。

该项目已获授权发明专利7件、实用新型专利2件、自主商标3项、主导制定行业标准1项，具有完整的自主知识产权。项目建立了国内唯一的百吨级聚丙烯腈长丝生产线，产品强度高、质量稳定，面料具有良好的透气性、抗菌性、抗皱性，应用于军事装备屏蔽网、特种服装等领域，经济效益和社会效益显著。

# 数字化棉纺成套设备

**主要完成单位：** 经纬纺织机械股份有限公司、江苏大生集团有限公司

**主要完成人：** 杨华明、耿佃云、金宏健、沈健宏、马晓辉、田克勤、赵云波、郝霄鹏、刘兰生、李增润、郭东亮、庞志红、赵志华、张红梅、朱朝华

经纬纺机在现代高效棉纺成套装备和棉纺厂信息化系统研发的基础上，承担国家三部委"数字化车间"项目，项目包括数字化棉纺主机设备、自动化物流设备、数据分析管理系统以及车间环境监控系统。该项目主要研发技术内容：

（1）数字化主机设备。研究开发清梳联合机、异性纤维分拣机、并条机、精梳机、自动落纱粗纱机、集体落纱细纱机、自动络筒机、转杯纺纱机等主机设备，实现设备数字化生产、质量控制、在线检测以及效率提升和节能降耗。（2）自动化物流设备。研究开发 AGV 条筒小车、粗细联输送系统、细络联系统、筒纱自动码垛机、筒纱自动包装机等物流设备，实现各工序之间物料的自动输送。（3）数据分析管理系统。研究开发经纬 E 系统，对车间所有设备进行实时数据采集、工艺质量在线调整、设备故障远程控制等管理功能，实现设备和生产信息化管理。（4）车间环境监控系统。研究开发包括空调、除尘、压缩空气、电力供应系统集成控制，实现车间生产环境自动调度管理，保障生产环境，降低能耗，达到绿色生产。

该项目已获得发明专利 26 件、实用新型专利 122 件、软件著作权 1 项。项目技术创新成果已经广泛在国内外纺织企业中推广应用，近三年累计实现销售超过 100 万锭，客户包括我国的新疆天虹和越南的林江等。数字化棉纺成套设备成为纺织企业技术装备更新和产业升级的主要设备，市场占有率超过 75%。

# 新型高效针织横机电脑控制系统

**主要完成单位：** 福建睿能科技股份有限公司

**主 要 完 成 人：** 唐宝桃、张国利、林杰、黄盛桦、魏永祥、杨与增、张征、陈云辉、徐志望、林云鹏、许志远

项目自主研发动态度目、急速回转、摇床零等待、宽电压保护、机头行程动态优化及推针三角单独控制等技术，解决了国内电脑横机在复杂花型编织效率低、高速编织不稳定和精确控制能力低等难题，提升了横机编织复杂花型的能力。

该项目已获得授权发明专利8件，其中实用新型专利4件，拥有3项软件著作权。该项目的主要技术指标为：

（1）实现更高的单机编织效率，最高速度从 1.2m/s 提升到 1.4m/s。（2）创新快速回转算法，机头换向时间从250ms缩短到180ms内。（3）新增动态度目变化功能，变化范围可达25°/英寸。（4）实现摇床零等待功能，解决带摇床编织花型时效率低下的问题。（5）兼容电网波动，范围可达 AC（220±80）V，大于国内外同类产品 AC（220±22）V。（6）采用集成化和模块化的设计理念，系统稳定可靠，售后简单方便。

在应用推广情况方面，该项目产品已通过江苏金龙、福建红旗、桐乡市巨星等公司推广使用到终端客户。在经济社会效益及促进行业科技进步作用方面，截至 2016 年 12 月，创造的销售收入为 34639.12 万元，上缴的税收为 3954.93 万元。2016 年，公司在针织横机电控系统的市场占有率为 63.34%。该项目产品提高了国产针织横机的智能化水平，推动了针织工业的转型升级。

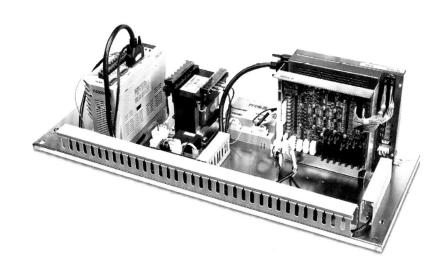

## 高质高效环锭纺纱先进技术及装备与智能化技术的开发与应用

**主要完成单位：**安徽华茂纺织股份有限公司、武汉纺织大学、常州市同和纺织机械制造有限公司、郑州轻工业学院、赛特环球机械（青岛）有限公司、经纬纺织机械股份有限公司、上海艾金空气设备有限公司

**主要完成人：**倪俊龙、徐卫林、左志鹏、杨圣明、王永华、崔桂生、叶茂新、赵传福、孙善标、胡学梅、徐小光、王结霞、周强、叶葳、江伟

当前，我国环锭纺纱锭数在1亿锭以上，但是高品质纱线的比例还比较小，环锭纺纱也存在工艺不优、工人生产劳动强度大、生产效率低等问题，亟须通过发展智能制造技术，形成纺纱智能制造新模式，进一步提高纱线质量、提高生产效率和减少用工等，加快推进以智能制造引领我国纺织产业由劳动密集型、资源消耗型向技术密集型转变，由制造向创造、产品向品牌转变。

该项目充分挖掘和总结安徽华茂纺织股份有限公司的高品质高效率先进纺纱技术，与纺纱装备生产厂家合作，共同开发先进纺纱技术装备；并开发智能化技术，实现生产质量数据实时采集、信息融合、智能监控与控制，从而实现"高质高效"的目标。

该项目研究了"高质高效"纺纱工艺，提出了"轻开松、强分梳"的清梳工艺、"大牵伸、高速度"的细纱工艺、"全检测、可追溯"的成纱质量在线控制核心技术。创新了强化气流除杂，以柔性开松替代打击开松，减少纤维损伤，提高除杂效率；通过提高针齿密度、增加分梳元件，实现梳理力的梯度分布，提高棉结杂质清除效率。创新了细纱机的无齿轮化，实现了牵伸、加捻、卷绕等系统无级调速，细纱牵伸倍数突破160倍，锭速突破23000r/min。创新地建立了络筒在线质量检测与离线实验室检测数据之间的关联，通过大数据的运用，实现了质量的全面检测。

首次完成了RFID技术在纺纱厂的工业化应用，实现了管纱的全面在线检测和逆向追溯，形成了质量的闭环控制。形成了全流程设备之间的互联互通，实现了数据传输与接口的标准化，设立了智能化的生产管理体系。该项目获得授权发明专利6件、实用新型专利9件；软件著作权1项、制定企业标准6项；发表学术论文5篇。

# 国产化 Lyocell 纤维产业化成套技术及装备研发

**主要完成单位：**中国纺织科学研究院有限公司、中纺院绿色纤维股份公司、新乡化纤股份有限公司、北京中丽制机工程技术有限公司、宁夏恒达纺织科技股份有限公司

**主要完成人：**孙玉山、徐纪刚、程春祖、徐鸣风、赵庆章、贾保良、蔡剑、白瑛、迟克栋、邵长金、金云峰、骆强、郑玉成、李克元、安康

Lyocell 纤维是以可再生的纤维素为原料，以无毒无味的 NMMO 为溶剂，采用物理溶解方法制备的纤维，具有优异的加工和服用性能，弃后可生物降解，被誉为 21 世纪最具发展潜力的绿色纤维。但 Lyocell 纤维产业化溶解条件苛刻，纺丝难度大，溶剂回收要求高，生产成本高，装备和控制系统复杂，是国际纤维界公认的高难度项目。Lyocell 纤维产业化成套技术仍为 Lenzing 公司所垄断，且对外采取了严格的技术封锁。

该项目立足自主创新，开发了具有自主知识产权的全国产化 Lyocell 纤维制备成套技术和装备，主要创新内容为：

（1）发明了低浓溶剂与干浆粕直接混合的深度溶胀技术与装备。省略了目前普遍采用的浸渍、压榨、粉碎纤维素预处理工艺，简化了工艺流程，减少了设备投资。低浓度 NMMO 的使用，使溶剂回收的负荷显著降低，并提高了生产过程的安全性。（2）自主研发了大型薄膜蒸发连续溶解脱泡一体化成套技术与装备。自主设计制造了全国产化的薄膜蒸发器及配套装置，实现了刮延膜的均匀脱水与优质纺丝原液制备。（3）自主研发了高黏弹性纺丝原液的干喷湿法纺丝技术与装备。研制了大容量喷丝、节能气隙吹风和高浓度凝固成形、各纺位纺程张力调控的成套纺丝工艺及装备，实现了纺丝工段的节能和丝束品质的均一。（4）创新开发了 NMMO 溶剂低温蒸发浓缩回收技术与成套装备。应用机械式蒸汽再压缩技术，大幅度降低了溶剂处理温度，明显提高了溶剂质量，与其他的 NMMO 回收技术相比，显著降低了能耗和分解产物。

该项目获授权发明专利 11 件。项目形成了 Lyocell 纤维成套全国产化装备、工艺、安全、自动化控制和工程技术系统一体化集成创新，具备了工程设计、工程实施和产业化快速推广的技术能力。

# 生物酶连续式羊毛快速防缩关键技术及产业化

**主要完成单位：**天津工业大学、天津滨海东方科技有限公司、武汉纺织大学、天津市绿源天美科技有限公司、常熟市新光毛条处理有限公司、霸州市滨海东方科技有限公司

**主要完成人：**姚金波、刘建勇、杨万君、张伟民、万忠发、瞿韬、刘延波、瞿建德、陈荣江、曲敬、王乐、牛家嵘、陈翔、刘郁、蔡芳

羊毛防缩问题一直是羊毛产品生产技术领域研究的重点问题。目前，产业化的羊毛防缩加工仍依赖于氯化处理技术，但其产生的可吸附有机氯（AOX）会带来严重的环境污染问题，导致该方法正被逐步禁止使用。对此，业界展开了替代氯化法的长期研究，并形成多种加工方法，但受技术水平的制约，这些新技术并未得到工业化普及，因此欧盟纺织品生态标准 Eco-Label 也无奈地规定氯化法仅可用于羊毛毛条。所以，开发产业化应用的羊毛毛条无氯防缩新技术便成为亟待解决的国际性跨世纪难题。

该项目以连续快速生物酶处理为技术特征，针对羊毛毛条生物酶连续处理中的关键技术核心难点问题进行系列攻关，主要成果有：

（1）首次构建了基于"双催化理论"的羊毛毛条生物酶快速防缩处理反应体系，使剥除羊毛鳞片的生化反应过程在100s内完成，为实现毛条连续化防缩加工奠定了理论与技术基础。（2）通过技术集成，首次研制成功专用于羊毛毛条的连续快速自动化羊毛毛条防缩加工工艺、装备及生产线，实现了无氯、快速、稳定的防缩加工目标。（3）开发出具有生态特征的新型无氯防缩毛条，产品满足防缩产品技术指标要求［IWS TM31（5×5A）］，且抗起球性能良好。

该项目申请国际专利1件、国家发明专利4件、实用新型专利2件，其中授权2件、国际公开（日本）1件；发表论文8篇。该项目实施应用以来，累计销售收入达18978.7万元，取得了良好的经济效益。该项目得到了国际羊毛局（IWS）的高度重视，具备向国外先进国家有偿输出技术的条件，同时也突破了以往对生物酶在纺织上需要较长时间这一应用特质的传统认知，对推进绿色制造和提升科技创新水平具有重大意义。

# 牛仔服装洗水过程环境友好智能化
# 关键技术的研究与应用

**主要完成单位：** 中山益达服装有限公司、武汉纺织大学、广东省均安牛仔服装研究院、江西服装学院

**主要完成人：** 郑敏濂、易长海、叶银莹、徐杰、熊伟、王智、黄键龙、李其扬、廖建嘉、黄建兴、陈娟芬、田磊

该项目通过对牛仔服装洗水生产的工艺技术及装备、能源利用系统以及生产管理系统的研究，解决了牛仔服装洗水生产过程中的"高污染、高能耗、高劳动密集型"的问题。

该项目重点研究了牛仔服装洗水生产中的三个方面关键技术。（1）开发了一批洗水生产关键工艺的自动化及节水化装备，提升了生产效率与产品质量稳定性，降低了人力成本，减少了水资源利用与能源消耗，达到了降耗减排的清洁生产效果。（2）建立了烘干过程能源综合利用体系，开发了智能烘干装备，提升了能源利用率，降低了能源消耗，达到了低碳排量与企业生产成本降低的效果。（3）解决了现有RFID设备无法用于牛仔服装洗水过程单件流信息反馈的关键技术问题，并以此为基础开发了智能化牛仔服装洗水生产管理系统，实现了牛仔服装洗水生产单件流管理模式，提升了生产效率，降低了管理与人力成本。

该项目研究过程中，获得国家发明专利5件，实用新型专利5件。该项目的研究成果已在广东中山益达服装有限公司进行示范应用。该研究成果的使用，使洗水过程总体生产效率提升20%~30%，降低人工成本约30%，产品合格率达到99%，并使该企业具有多品种、小批量柔性生产的能力；同时，减少了能源消耗与排放，经测算相对于现有生产过程水资源消耗量减少30%~50%（依据工艺不同而不同）、蒸汽消耗量减少约30%、电网中电能消耗量减少约37%。经过该项目研究成果所生产的产品也获得国际一线品牌商的一致好评。另外，该项目的研究成果已在其他相关企业中实现了推广应用，经用户反馈，该成果的实施，获得良好评价。

# 双组分纺粘水刺非织造材料关键技术装备及应用开发

**主要完成单位：**天津工业大学、大连华纶无纺设备工程有限公司、吉安市三江超纤无纺有限公司、安徽金春无纺布股份有限公司、郑州纺机工程技术有限公司、浙江梅盛实业股份有限公司、山东理工大学、陕西科技大学、浙江康成新材料科技有限公司、中原工学院

**主要完成人：**钱晓明、黄有佩、赵孝龙、徐志伟、曹松亭、刘延武、姜兆辉、钱国春、赵宝宝、宋卫民、马兴元、陈云铭、张恒、赵奕

纤维细旦化是目前非织造材料领域的重要发展方向。现有的纤维细旦化手段主要包括熔喷法、闪蒸法、海岛短纤成网减量法和裂离型（如中空桔瓣型）双组分纺粘法。其中，双组分纺粘法因其高效形成高强轻薄超细纤维网，成为目前最具前景的超细纤维非织造材料制备技术。目前，国内双组分纺粘超细纤维非织造材料的制备存在如下问题：一是生产技术与装备无法满足要求；二是现有的纺粘固网方式简单导致非织造材料的结构性能单一。这些问题严重制约了我国双组分纺粘超细纤维非织造技术的发展及其材料在超纤革等领域的高品质应用，已成为行业进步的瓶颈。针对上述问题，该项目自主研发了双组分纺粘水刺非织造材料关键技术与装备，实现了产业化应用，开发了包含超纤革在内的系列下游产品，主要内容包括：

（1）研发了双组分纺粘水刺超细纤维（直径在3~5μm）非织造材料制备技术，打破了国外在此领域的技术垄断。（2）实现了双组分纺粘水刺超细纤维非织造材料的关键装备产业化，建立了4条生产线，填补了国内空白。（3）基于上述技术与装备，独创了双组分纺粘长丝在线卷曲和针刺/水刺结构调控技术，开发了三维梯度结构可控的长丝超细纤维非织造材料，提升了其应用水平。（4）在此基础上，研发了超纤革清洁化制备技术及产品，首次实现了超纤革的全流程绿色工业化生产；开发了双组分纺粘水刺非织造材料在高档擦拭材料、保暖透气材料、面膜和柔性防刺材料等领域的应用技术，部分产品已实现产业化生产。

项目获授权发明专利7件，实用新型专利7件，发表学术论文15篇。该项目的成功实施全面提升了超细纤维非织造材料制造水平，增强了我国双组分纺粘水刺非织造材料制备技术和装备的核心竞争力，其产品开发与应用具有显著示范作用。

# 超仿棉聚酯纤维及其纺织品产业化技术开发

**主要完成单位**: 中国纺织科学研究院有限公司、东华大学、中国石化仪征化纤有限责任公司、鲁丰织染有限公司、徐州斯尔克纤维科技股份有限公司、江阴市华宏化纤有限公司、江苏大生集团有限公司、江苏国望高科纤维有限公司、桐昆集团股份有限公司、江苏微笑新材料科技有限公司

**主要完成人**: 李鑫、王学利、卢立勇、金剑、张瑞云、张战旗、孙德荣、吉鹏、邱志成、赵瑞芝、戴钧明、李志勇、张江波、唐俊松、沈富强

针对聚酯纤维亲水性差、短纤维易起球、常压染色上染率低，混纺织物需两步染色，聚酯纤维面料具有刚度大、吸湿性差等共性缺点，项目以聚酯分子改性为核心，突破大容量装置高比例、多组分改性共聚酯连续聚合技术，细旦纤维截面精确控制技术，新型纤维及其纯纺、混纺面料的纺织染整技术等，开发出3种新型分子结构的超仿棉聚酯纤维及各自的系列化产品。项目主要成果如下：

（1）设计并合成了高比例改性的新型分子聚酰胺酯（CAS: 25610-75-7），创新设计研制了在线添加与均化装备，开发出大容量装置上高比例聚合物改性剂在线精确添加、均质稳定连续聚合技术，制备出具有柔软、常压深染、抗起球特性的易染色型纤维。（2）突破了亲水超仿棉共聚酯多元聚合技术和纺丝技术，制备了异形、全消光等高回潮率型超仿棉聚酯纤维。（3）突破了细旦长丝高异形度截面精确控制技术，制备出亲水细旦型纤维。

研发了低成本导流型网格圈集聚纺和自捻型喷气涡流纺等新型纺纱技术及装置，超仿棉聚酯纤维织物常压匀染、与棉混纺织物一浴一步法染色等技术，开发出3类超仿棉聚酯纤维机织、针织系列的纯纺、混纺产品。形成了超仿棉聚酯聚合、纺丝、纺纱、织造、染整产业化成套技术，建成大容量连续聚合纺丝示范线、千吨规模连续聚合纺丝产业化柔性试验线。形成了有自主知识产权的超仿棉聚酯、纤维与纺织品技术体系，该项目已获授权发明专利23件、实用新型专利2件。

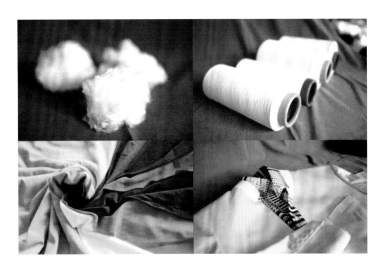

# 静电喷射沉积碳纳米管增强碳纤维及其复合材料关键制备技术与应用

**主要完成单位:** 天津工业大学、威海拓展纤维有限公司

**主要完成人:** 程博闻、陈利、康卫民、徐志伟、周存、张国利、刘雍、刘玉军、王文义、王宝铭、刘皓、孙颖、陈磊、李磊、赵义侠

该项目提出基于国产碳纤维(T300级),以力学性能优异的碳纳米管为增强体,开发出抗拉力学性达T700级以上水平且兼具优异界面性能的碳纳米管增强碳纤维,并配套开发环保型碳纤维专用浆料,解决高性能碳纤维与基体之间的界面结合问题。具体创新成果如下:

(1)发明了静电喷射沉积碳纳米管增强碳纤维制备技术与装备。基于国产T300级碳纤维,提出了静电喷射碳纳米管增强碳纤维结构缺陷补强技术和热处理交联结构重组方法,开发出电极辅助多射流静电喷射、纤维蒸汽定型与废气回收等装置,显著提升了碳纤维的抗拉强度(达T700级水平),解决了国产碳纤维力学性能差的难题。(2)开发了环保型水性环氧树脂基碳纤维专用浆料。针对碳纳米管表面官能团特性,设计并制备出具有较强反应性和黏结性的水性环氧树脂碳纤维浆料乳液,通过浆料配方的设计与优化,采用复合乳化、相反转等技术研制出环保性水性环氧树脂碳纤维专业浆料。(3)开展了碳纳米管增强碳纤维先进复合材料制备与应用研究,揭示了碳纳米管增强碳纤维在先进复合材料中界面作用机制。基于树脂转移成型(RTM)技术制备出了碳纳米管增强碳纤维先进复合材料,揭示了碳纳米管增强体与树脂的界面增强机制和能量吸收与传递原理,解决了复合材料的分层、分裂问题,实现了碳纳米管增强碳纤维在航空头盔、离心罐等先进纺织复合材料和加热服装等领域应用。

该项目申请国家发明专利10件,其中授权5件,授权实用新型专利3件,发表科技论文25篇。该项目的实施为制备高性能碳纤维及纺织复合材料提供一条新途径,满足我国航空航天企业对碳纤维高性能的需求,有助于打破日、美等国对我国高性能碳纤维产品垄断与技术的封锁,符合国家高技术发展的战略需求,具有显著社会效益和经济效益。

# 粗旦锦纶6单丝及分纤母丝纺牵一步法高速纺关键技术与装备

**主要完成单位：**长乐恒申合纤科技有限公司、长乐力恒锦纶科技有限公司、东华大学

**主要完成人：**李发学、陈立军、刘智、丁闪明、吴德群、李云华、张振涛、高洁、袁如超、杨前方、毛行功、朱惠惠、赵杰

粗旦锦纶6单丝及分纤母丝除具有普通锦纶6优良特性外，还具有纺织加工流程短、产品粗犷等特点，符合人们追求休闲、舒适、时尚的审美需求，广泛应用于休闲服装、装饰布、鞋材等领域。其中粗旦锦纶6单丝具有中等工业丝的强度，耐磨性突出，织物回弹性优秀，非常适合用来开发军服、军用帐篷与雨披、军用绳索与织带等。

目前粗旦锦纶6单丝及分纤母丝的生产工艺主要由二步法向一步法过渡，主要存在大容量熔体挤出分配不均、长纺程纺丝张力波动较大、丝条较粗冷却不均匀、高速纺上油率不足与废油处理等技术难题，造成纺丝易断头、产品质量不稳定、生产成本过高等问题，严重阻碍了产品的工业化发展。

该项目首先阐明了粗旦锦纶6单丝及分纤母丝在成形过程中的动力学特征和结构演化规律，攻克了熔体精确分配、纺丝张力精准调控、均匀冷却等难题，在4800m/min纺速下制备出单丝纤度可达40D的高品质单丝和分纤母丝，开发出分纤母丝专用喷雾系统、两段式侧吹风箱与稳定侧吹风风速的气流整流复合冷却系统、油轮式上油系统等关键设备，形成了纺丝成套技术，建成了3万吨/年的成套生产线。该项目已获得授权国家发明专利3件，实用新型专利20件，软件著作权1项，牵头修订国家标准1项，行业标准2项。

项目实现了粗旦锦纶6单丝及分纤母丝的一步法高速纺产业化生产，形成了成套技术及装备，提高了我国锦纶6的差别化率，提高了我国化纤装备的设计和应用水平，对增强我国锦纶产业的竞争优势及军队后勤保障建设起着重要推动作用。

## 印花针织物低张力平幅连续水洗
## 关键技术及装备研发

**主要完成单位：**福建福田纺织印染科技有限公司、西安工程大学、绍兴东升数码科技有限公司

**主要完成人：**陈茂哲、贺江平、师文钊、尚玉栋、张伯洪、林英、刘瑾姝、田呈呈、邹杭良、陆少锋、黄永盛、赵川、黄良恩、何菊明、廖德春

目前国内外针织产品水洗加工主要有绳状拉缸水洗、绳状及平幅连续水洗等形式。但是，绳状拉缸水洗水、电、气消耗量大，织物易起皱、拉毛、起毛及发生损伤，还易造成缸差、条差等问题。平幅连续水洗机水洗可一定程度解决上述问题，但目前常用设备多为进口设备，对织物品质、配套水洗助剂、工艺参数设定等要求较高，与国内加工时所用的面料、助剂、工艺等较难匹配，洗后织物弹力损失大、花型易拉伸变形。因此，研发印花针织物低张力平幅连续水洗技术是纺织印染行业的重大任务。受平幅水洗设备、水洗助剂等诸多因素影响，实现印花针织物低张力平幅连续水洗必须解决水洗工艺、设备改造、助剂研发、废水循环净化处理等关键技术难题。

该项目通过多年的关键技术攻关，自主创新研发印花针织物低张力平幅连续水洗关键技术及装备，主要技术内容包括：

（1）创新研发出新型固色剂，开发整套水洗工艺。（2）创新研发了大幅降低织物张力的超喂张力自动控制系统。（3）创新研制震荡网状水洗导布辊、狭缝式真空抽吸装置、喷淋水洗装置等单元。（4）配置废水循环净化处理系统，实现废水自动循环净化处理及回用。

在关键技术及装备研发的基础上，该项目获授权专利6件，其中发明专利3件，实用新型专利3件。项目已建成印花针织物低张力平幅连续水洗生产线2条，并投产应用多年。该项目实现了印花织物低张力高效水洗，提高了棉及锦氨高弹针织面料的水洗品质，经权威机构检测，染色牢度、拉伸弹性等性能指标达到相关标准要求，布面质量明显优于传统工艺产品，与传统拉缸水洗工艺相比，节能减排效果显著，推广应用前景好。

# 经编全成形短流程生产关键技术及产业化

**主要完成单位**：江南大学、江苏华宜针织有限公司、江苏润源控股集团有限公司

**主 要 完 成 人**：蒋高明、丛洪莲、董智佳、张爱军、张琦、张燕婷、高哲、储云明、储开元、刘莉萍

该项目主要研究经编全成形短流程生产关键技术，通过经编纱线一次成形工艺技术、全成形服装三维建模、上机文件高速加载以及生产实时在线监测技术，建立了短流程生产技术平台，项目成果已在经编全成形产品的开发和生产中全面应用。项目主要科技内容：

（1）经编一次成形编织工艺技术：建立无底无缝织物理论数学模型并编程实现设计系统的工艺开发功能，建立全成形织物二维工艺结构数据库，实现工艺快速生成。（2）经编全成形服装三维建模与展示技术：基于特征提取与参数化算法实现人体模型与经编全成形服装的原型建模，通过特征匹配实现服装模型二维设计的同步三维展示。（3）分布式经编双贾卡高速加载技术：构建基于两级总线式系统架构和组合式贾卡控制单元的经编双贾卡提花控制系统，快速实时匹配双贾卡提花系统工艺数据量剧增的要求。（4）生产数据在线监测技术：利用RFID射频技术、传感技术对员工、机器生产数据及机器运行状况进行实时采集，选择存储器对数据进行存储、备份和处理。

该项目围绕经编全成形短流程生产关键技术研究，共获相关国家发明专利授权10件、软件著作权登记5件，发表学术论文15篇。项目研究成果提高了我国经编全成形短流程生产技术水平，大幅度提高了生产效率，节约了用工和能耗，推动了产业升级与技术进步。

# 热塑性聚合物纳米纤维产业化关键
# 技术及其在液体分离领域的应用

**主要完成单位：**武汉纺织大学、昆山汇维新材料有限公司、联合滤洁流体过滤与分离技术（北京）有限公司、佛山市维晨科技有限公司

**主要完成人：**王栋、刘轲、李沐芳、赵青华、郭启浩、程盼、梅涛、罗刚、徐承彬、蒋海青、刘琼珍、王雯雯、王跃丹、鲁振坦、吴兆棉

纳米纤维材料具有尺度小、比表面积高、易于功能化等突出优点，在高性能过滤分离领域应用优势显著、市场潜力巨大。然而，制备效率低、应用形式单一已成为制约纳米纤维材料发展及应用的国际性难题，该项目经过十余年攻关，获得以下成果：

（1）突破了热塑性聚合物纳米纤维的绿色、宏量制备关键技术瓶颈。发明了以生物质纤维素酯材料为基体、通用热塑性聚合物为分散相的熔融共混相分离制备纳米纤维的新方法；揭示了相分离过程中纳米纤维形态结构的精确调控机理；建立了纳米纤维形态结构与生产工艺参数的对应关系；提出了纤维素酯循环使用可行性的评判依据，实现了纤维素酯和溶剂的回收再利用；丰富了纳米纤维的种类。（2）率先发明了基于纳米纤维悬浮液的材料制备新技术，解决了纳米纤维应用形式单一的困境。发明了通过调控分子间作用力实现纳米纤维解缠结及稳定分散的新技术；提出了将纳米纤维浆料化，借助涂覆、浸渍或印刷等方法实现多样化应用的新思路，为基于纳米纤维的多组分、多级结构材料的可控制备提供了新途径。（3）发展了纳米纤维涂层产业化技术，突破了纳米纤维涂层的均匀度、孔隙结构、结合强度间的协同优化难题。提出了通过气流辅助雾化实现纳米纤维悬浮液均匀涂层的新方法，建立了悬浮液的流变性能、涂层工艺参数与结构的对应关系，实现了纳米纤维涂层材料的规模化生产。（4）攻克了高性

能、多功能纳米纤维基液体过滤分离膜材料及组件的产业化技术。发明了适用于纳米纤维材料的固相合成及化学沉积等功能化技术，研制了具有耐污、吸附或催化功能的纳米纤维涂层复合膜材料，自主设计了高效液体过滤分离复合膜组件，解决了现有液体过滤分离膜材料耐污性差，不易功能化的技术难题，满足了新兴产业对液体过滤分离膜材料的多样化需求。

## 经轴连续循环染色节水关键技术及产业化

**主要完成单位**：浩沙实业（福建）有限公司、东华大学
**主 要 完 成 人**：付春林、谢孔良、高爱芹、王忠、侯爱芹、常向真、施鸿雁、胡婷莉、王玉新、孔令豪、施毅然、胡柳、张建昌、胡波、王平仔

　　印染工业是纺织品生产过程中资源消耗和污染排放主要环节。聚酰胺纤维（锦纶）是继聚酯纤维之后的第二大合成纤维，目前锦纶织物染色浴比大、耗水量高、污水排放量大、污染严重、染色匀染性难以控制。本项目通过研发经轴连续循环染色技术，将自动化与染色技术相结合，开发了高效连续循环染色成套设备和工艺技术，实现循环连续染色，解决了连续染色过程中的一系列关键技术问题。该项目主要创新成果为：

　　（1）设计并制造立式经轴染缸系统，通过机械手将经轴组从染缸顶部开口处取出或移动，实现织物在各经轴染缸的转移。通过精细化机械设计和控制，确保染缸内染液均匀循环。立式经轴染缸容量大、生产效率高，设备占用空间小，操作控制简便。（2）设计和创新连续循环染色工艺流程，通过分组并联立式染缸，使染色缸、皂洗缸、固色缸和水洗缸形成一组多工序连续染色循环，实现"水不换，布移动"模式，形成连续循环染色过程，使染色残液可以多次连续使用，成功实现经轴连续循环染色。（3）开发了染料微胶束技术和配方、胶束增溶与缓释技术，在染色过程中，染料从胶束中缓慢释放，达到匀染的目的，实现小浴比染色中染料的增溶与匀染。染色残液不排放，胶束继续增溶染料，使染色不断续缸进行。（4）研究染色过程的酸碱度滑移控制技术，发明了高效 pH 滑移剂。通过染料筛选、pH 滑移技术及工艺优化技术，大幅提高染料上染率。通过对残液进行跟踪检测，完成染料和助剂的补加，实现染液的快速调整，从而实现经轴连续循环染色。

　　该项目申请专利15件，已授权11件，其中发明专利7件，实用新型专利4件。通过三年多的连续运行，设备稳定，工艺成熟，相比传统染色，节约用水量80%，减少废水排放84.5%，生产效率提高60%。

浩沙鸟瞰图

# 高精密钢丝圈钢领产品及产业化技术开发

**主要完成单位:** 重庆金猫纺织器材有限公司

**主要完成人:** 王可平、赵仁兵、肖华、冉美玲、解建军、夏兴容、周洋冰、田立杰、李东、雷旭、朱春扬、傅悦、谢英平

该项目主要研发内容如下:(1)钢丝圈、钢领结构精准配合设计:增大钢丝圈钢领跑道接触面积、减少摩擦,保证合适的纱线通道等,实现高速运行的平稳性。(2)材料开发:研究材料中合金元素对热处理性能的影响及其在高精密钢丝圈、钢领上的应用,实现钢丝圈、钢领高速、长寿命。(3)加工设备及工艺技术研发:研制具备加工精度高、速度高、自动化、智能化的数控专用设备和技术,提高产品加工精度、一致性及稳定性。(4)表面处理技术研发:开发具有耐磨减磨的涂层技术,针对不同磨损机理,开展复合化学镀、扩散渗透处理等技术研究,提高钢丝圈、钢领的使用寿命。

该项目获得授权专利 14 件,其中发明专利 3 件,实用新型专利 8 件,外观专利 3 件。钢丝圈钢领达到以下技术指标:一是钢丝圈:马氏体 1~2 级,表面粗糙度 Ra ≤ 0.1μm,使用寿命在 15~20d;无走熟期,锭子速度为 17000~20000r/min;纺纱过程毛羽、断头、飞圈减少 10%~30%。二是钢领:圆度、平面度、平行度公差 ≤ 0.010mm;表面粗糙度 Ra ≤ 0.1μm;无走熟期,纺纱毛羽减少 20%~30%;使用寿命 5~8 年。

高精密钢丝圈钢领的成功推广,不但促进了细纱机自动化、智能化、高速化的发展,实现集体落纱,提高了生产效率、降低了生产成本,也促进了本业及相关产业的技术进步,经济效益及促进行业科技进步的作用效果明显。

# 基于废棉纤维循环利用的点子纱开发关键技术及应用

**主要完成单位：**百隆东方股份有限公司、江南大学

**主要完成人：**卫国、杨卫国、潘如如、唐佩君、曹燕春、孙丰鑫、韩晨晨、程四新、刘国奇、姜川、郭明瑞

我国棉纺织工业具有相当大的体量，棉纺各工序产生的废棉处置问题突显，废棉的高质、高效回用成为纺织绿色制造的迫切需求。棉纺废棉主要包括梳棉（含精梳）过程产生的落棉，并、粗、细过程产生的回花以及细、络过程产生的废纱回丝三大类。目前废棉循环利用中存在两个主要问题，一是循环利用率低，纺纱全流程产生的不同废棉的系统性回用问题尚未解决；二是现有的废棉纤维主要局限于低层次应用，产品附加值低。

鉴于上述情况，该项目创新性地对棉色纺全流程的废棉循环利用技术进行研究，针对三类不同废棉开发系列点子纱并实现产业化应用。主要展开以下研究工作：

（1）落棉点子纱开发：针对落棉纤维长度短、强度低、可纺性差等特点，研究落棉纤维与本色棉纤维混配方式，优化并条、粗纱、细纱以及络筒工艺，实现了高品质落棉点子纱的纺制。（2）回花点子纱开发：针对回花形式多样，色纺回花颜色差异等问题，提出对各工序回花进行分类处理，纺制低捻粗支纱，并采用牵切纺技术及工艺优化，纺制成外观效果在线可控的回花点子纱。（3）回丝点子纱开发：针对纱线回丝的形态特征，解决了回丝切断长度、梳理工艺和点子效果的匹配问题，通过回丝纱段的模糊化处理，提升了回丝与纤维的抱合性，实现了高品质回丝点子纱的纺制。（4）点子纱织物计算机辅助设计：针对传统的点子纱设计需打小样的烦琐工序，成功开发了点子纱针织物仿真模拟系统，大幅提高了产品设计效率。

该项目攻克了基于三类废棉循环利用的高品质成纱技术，实现了纺纱全流程废棉的高效、高质回用，获授权国家发明专利6件，实用新型专利2件，发表论文2篇。

# 无乳胶环保地毯关键技术研究及产业化

**主要完成单位：** 滨州东方地毯有限公司、天津工业大学、青岛大学

**主要完成人：** 董卫国、韩洪亮、张元明、崔旗、王书东、刘延辉、刘以海、陈安、王其美、吴立芬、苏勇、李祥林、徐庆杰、郭晓、李文娟

传统机制地毯生产技术，因大量使用溶胶黏结剂，致使VOC释放量大，严重影响地毯生产和使用环境，同时加工过程能耗高，且产品质量稳定性差、品质档次低，已成为制约地毯行业健康发展的瓶颈。为此，该项目开创性地研发了无乳胶环保地毯生产技术，最终在攻克专用热熔性黏结材料研发关键技术、专用热熔性黏结材料原位植入技术、地毯热黏合关键技术与装备的基础上，实现了无乳胶环保地毯的产业化生产。该项目主要技术创新成果如下：

（1）提出了机制地毯热熔性黏结材料绒／基原位渗透固结方法，构建了机制地毯热熔性黏结材料原位渗透模型，从机理上解决了传统背胶工艺存在的缺陷，为地毯绒／基原位固结奠定理论基础。（2）发明了热熔性黏结材料胚毯原位植入技术，为高黏度热熔性黏结材料作为机制地毯绒／基黏结剂，有效保障并提升地毯绒／基黏合力，提高机制地毯产品品质，提供了技术支撑。（3）开发了适用于不同地毯材质的专用热熔性黏结材料，构建了基于地毯绒头纱、热熔性黏结材料特性及扩散界面分子作用有效提升的绒纱—热熔性黏结材料—基布设计体系。（4）研制了无乳胶环保机制地毯专用热黏合设备，在地毯基材有效保护的同时，实现了热熔性黏结材料对绒头与基布的快速高效填充与浸润，有效保障并提高了机制地毯绒／基布的黏合力。

该项目获授权发明专利6件，实用新型专利8件，另申请发明专利7件；该项目成果已创造 $5 \times 10^6 m^2 /$ 年的产能，取得良好的经济社会效益。该项目成果对推动地毯行业转型升级和技术进步，实现地毯的生态化，提升地毯档次和附加值，增强国际竞争力具有重要的推动作用。

# 合成纤维织物一浴法印染废水循环
# 染色技术及应用

**主要完成单位：** 石狮市万峰盛漂染织造有限公司

**主要完成人：** 李接代、郑标钞、郑标游、李忠枝、李园枝、蔡飞挺、谢运明、涂铁军、余丰林、王金亮

涤纶、尼龙等合成纤维织物占印染布总量的 70% 左右，传统染色多采用间歇式前处理、染色和水洗固色三步染色工艺，流程长、生产效率低，水耗、能耗高，废水排放量大，染色织物易出现斑点病疵。

该项目通过大量的探索性研究、系统技术攻关和生产实践，经过近十年的持续创新取得了重大突破。在退染一浴工艺基础上，进一步创新工艺和化学品，最终实现了采用印染废水同浴一步完成染色全过程，且废水循环使用次数达 20 次以上。主要技术内容包括：

（1）研发出一浴法印染废水循环染色工艺，构建了染色效果与工艺参数之间的关系，建立了工艺数据库。（2）研发了耐碱性好、相容性好、稳定性好的系列染料和专用助剂。（3）研制发明了印染废水循环染色高效调理剂 WFS088 和特效表面活性剂 WFS099。（4）自主设计印染废水循环管路，在自来水—综合污水储存池—排放废水之间形成稳定的循环系统。

该项目技术将印染废水革命性地在染色工艺中直接进行多次循环使用，前处理、染色和水洗固色同浴一步完成，颠覆了传统印染用水标准要求；大幅缩短工艺流程；大量节约能源和水资源；大幅降低废水排放量和废水处理成本；大幅提高生产效率和效益。与传统工艺相比，节水并减少废水排放在 90% 以上，能耗下降 40%~60%，单位产品 CODCr 产生量下降 25% 左右，废水热能回收利用率在 90% 以上，节约助剂 30% 左右。

项目申请国家发明专利 7 件，获得授权 3 件，受理并进入实质审查阶段 4 件；申请实用新型专利 1 件并获授权。该项目技术实现了产业化应用，该公司生产车间已全部采用，稳定生产，产品得到用户广泛好评。从根本上解决了合成纤维织物间歇式染色过程中大量用水、大量耗能以及大量排污的"老大难"问题，对促进纺织印染行业绿色可持续与高质量发展具有重要推动和示范作用，有助于提升我国纺织印染行业的整体竞争力。

肖长发

**肖长发，教授，博导**。1953年12月生，长期从事纤维材料领域研究与教学，致力于原创性成果和关键技术开发、产业化应用，获国家科学技术奖3项、日内瓦国际发明金奖和银奖、中国专利优秀奖3项等，实现分离与吸附功能纤维制造技术创新发展，助力祖国绿水青山建设。

面向污水资源化和环保等需求，首次将"界面"作为致孔方法引入纺丝制膜过程，发明"压力自感知"功能中空纤维膜技术，解决微孔膜嵌入式污染物清洗难题；创建中空纤维膜多重孔结构理论，发明熔融纺丝—拉伸界面致孔和熔体/溶液一体化同质复合制膜技术，开发同质增强型中空纤维膜，实现常规溶液纺丝法聚偏氟乙烯膜产品升级换代，在20多个国家和地区广泛用于工业废水、市政污水等处理与回用；攻克含交联结构吸附功能纤维制备关键技术，开发吸油非织造纤维系列产品，在原油泄漏事故、有机污染物应急处置、空气过滤和净化等方面发挥重大作用；建立吸油与分离功能协同作用机制，开发连续、高效处置和回收大面积水面轻质薄油膜、危化品等的新型油水分离材料；研发高吸水聚丙烯腈、导电聚酯、高模量聚酰胺、超高分子量聚乙烯、液晶聚芳酯、全氟聚合物等纤维新品种。

肖长发学风严谨，笃志科研。他是师者，教书育人与言传身教相辅相成；他是学者，潜心科研与奉献社会完美结合。先后获全国杰出专业技术人才、全国纺织科技创新领军人才等称号，领衔"纤维新材料"科研团队入选首批"全国高校黄大年式教师团队"。

---

徐卫林

**徐卫林，教授，博导**。1969年4月生，长期从事纺织工程领域的科学研究与人才培养，取得的代表性成果如下：

（1）先进纺纱技术：在毛纺领域发明了嵌入式复合纺纱技术，与传统"载体纺超高支纱"的技术相比，具有纱线支数更高和高锭速稳定生产的优势，并能生产超短纤维和低强度纤维的复合纱线，在山东如意集团获得了很好的应用，获2009年国家科技进步一等奖。该技术设计的产品获2016中国优秀工业设计金奖；在棉纺领域分别开发出无能耗机械式多重集聚（棉）和热柔化集聚（棉混纺）的柔顺光洁纺纱技术，并与安徽华茂集团共同推动产业化，该技术面料的抗起毛起球、透气、手感指标优于传统集聚纺面料，获中国纺联科技进步一等奖。（2）天然纤维应用研究。创新蛋白质纤维的微纳米粒子制备技术，开发出仿羊毛复合纤维及透气膜等，实现废弃纤维的形态及功能再构，获2008年国家技术发明二等奖。彩色蚕丝粒子/高性能颜料复合涂料染制嫦娥5号和6号月面展示国旗。（3）发明的纺织品三维动态导水性能检测方法与技术已成为美国标准（AATCC TM 195—2009）和中国标准（GB/T 21655.2—2009）。依据该原理生产的仪器全球销售210余套。

徐卫林是教育部长江学者、国家杰青获得者、"万人计划"首批人才。获授权美国及中国发明专利55项；获省部级一等奖2项（排序1）和湖北省科学技术突出贡献奖；获中国纺织学术大奖、何梁何利基金奖、美国纤维学会杰出成就奖。

# 蚕丝生物活性分析技术体系的建立与应用

**主要完成单位**：苏州大学、江苏宝缦家纺科技有限公司、鑫缘茧丝绸集团股份有限公司

**主要完成人**：王建南、陆维国、李明忠、卢神州、殷音

20世纪90年代以来，丝素蛋白突破传统纺织领域，在食品卫生、生物医药等健康产品领域中得到应用，突显了优越性和巨大潜力，这对丝绸产业的转型升级具有典范意义。该项目取得了系列的原创成果：

（1）创立了国内外领先的解析丝素蛋白生物活性的技术体系。基于丝素蛋白结构特征，项目通过多学科交叉研究，创新性地提出运用生物技术揭示丝素蛋白生物活性。发明了丝素结构域系列肽段的低成本、高产率、高纯度的生物合成技术体系，已获39种家蚕丝素肽段与野蚕丝素含RGD肽段或重组肽段，建立了丝素蛋白序列高效与精准的制备体系。（2）揭示了丝素蛋白部分序列的生物活性。项目探明了2类肽段的部分活性，发现家蚕丝素重链核心区的F/F$n$片段具有高亲水性和血管细胞活性。发现来自野蚕丝素的（—RGD—）/（—RGD）$_n$序列对成纤维细胞、干细胞和血管细胞的功能有着显著不同的调控作用。（3）突破传统纤维织造应用的单一性，开创了丝素蛋白系列健康生活产品。基于丝素生物活性的发掘，开发了特定功能及分子量的丝素蛋白修饰系列家用纺织品，改善了家纺产品的亲肤性和舒适性，提高了产品的健康指数。研发了高保湿与活肤效果的化妆品系列产品，单一且不同梯度分子量的丝素肽实现了个性化健康护肤的需求。（4）国内外率先开展丝素纺织品/丝素蛋白生物医用材料研究，项目团队形成了丝素蛋白组织再生修复、药物载体等医疗产品研发技术体系。发明的真丝织物小口径人工血管，实现了体内快速内皮化和原位血管重建，从机理上克服了小口径血管移植物发生血栓的国际性难题，开创了早期和中长期抗凝血的系列储备关键技术，有望突破小血管移植物的临床应用。发明了载有$Ca^{2+}$的丝素止血材料，可以数秒内快速止血，克服了体内创伤止血胶原材料过度膨胀和藻酸钙细胞相容性差的技术难题。

该项目获授权国家发明专利28件，与企业合作发明1件，部分已实现技术转让。项目成果发表学术论文70余篇，其中SCI收录40余篇。开发的丝素蛋白健康生活产品很好地实现了推广应用，显著提高了同类产品的经济社会效益。

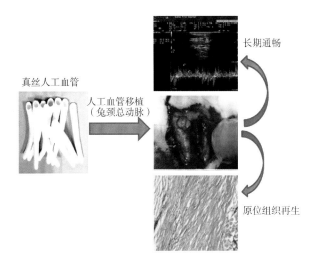

真丝人工血管

人工血管移植
（兔颈总动脉）

长期通畅

原位组织再生

# 纳米颜料胶囊的制备及其在纺织品印染中的应用技术

**主要完成单位**：江南大学、浙江理工大学、苏州世名科技股份有限公司、东华大学
**主 要 完 成 人**：付少海、戚栋明、张丽平、杜长森、隋晓锋

颜料印染具有明显节能减排的特征，有望部分替代高污染、高能耗的染料着色。由黏合剂胶粒和颜料共混组成的着色体系稳定性不高，黏合剂对颜料靶向性不足，易在织物表面形成连续厚膜，导致印花织物手感、透气性和色牢度、色深性等无法兼顾，严重影响印染产品品质。基于此，江南大学、浙江理工大学等单位在国家、省部级项目支持下，通过多年持续创新和协同联合攻关，开发了以颜料为核、黏附性聚合物为壳的纳米颜料胶囊系列产品，研究了该类材料在喷墨印花和涂料印染中的应用技术，揭示了纳米颜料胶囊的成粒、成膜机制及其与着色织物性能的构效关系，主要内容包括：

（1）原位细乳液聚合制备纳米颜料胶囊的成粒机制：研究了原位细乳液聚合过程中胶囊的形成机理及影响因素、颜料在胶囊中的分散和稳定机制，构建了调节纳米颜料胶囊结构的控制体系。（2）高稳定性纳米颜料胶囊的开发及其在喷墨印花墨水中的应用技术：采用可聚合分散剂制备了高稳定性纳米颜料胶囊，研究了胶囊结构、墨水配方和喷墨参数对胶囊墨水理化性能、喷墨和铺展行为的影响规律，探讨了纳米颜料胶囊墨水在纺织品表面精准印花的方法和固色机制。（3）自黏附纳米颜料胶囊的制备及其在涂料印染中的应用技术：探讨了低 Tg 纳米颜料胶囊的制备方法和在织物上的铺展、融合、黏流、重排等成膜行为和固色过程，开发了透气、柔软、高色牢度和高色深性系列印染织物。（4）纳米颜料胶囊生产线的设计与建造：设计并建造了国内首条连续化、全自动 1 万吨 / 年纳米颜料胶囊生产线，实现了纳米颜料的清洁化生产加工。

纳米颜料胶囊具有很好的分散稳定性、黏附靶向性和成膜可控性，解决了涂料印染精度差、涂层厚、手感硬、不透气等共性问题。目前，该项目已获授权美国发明专利 1 件，中国发明专利 10 件，中国实用新型专利 1 篇；发表论文 22 篇，其中 SCI 收录 12 篇。

# 基于湿法纺丝工艺的高强 PAN 基碳纤维产业化制备技术

**主要完成单位：**威海拓展纤维有限公司、北京化工大学

**主 要 完 成 人：**徐樑华、陈洞、丛宗杰、张大勇、李常清、张月义、王国刚、曹维宇、沙玉林、王炜、李日滨、童元建、孙绍桓、李松峰、黄大明

该项目针对国产高强度 PAN 基碳纤维工程化制备技术一直未见突破的困境，与北京化工大学联合进行基于湿法纺丝工艺的高强 PAN 基碳纤维产业化制备技术研究。

自 2005 年开始，在科技部、科工局、发改委等多部委的持续支持下，威海拓展联合北京化工大学经过十余年的不懈努力，通过引进消化再创新，突破了湿法纺丝制备高强度 PAN 基碳纤维的一系列关键技术，制造了碳纤维关键设备，建设了国产湿法纺丝碳纤维产业化生产线，形成了系列湿法纺丝高强度碳纤维产品。研制攻关了 CCF300、CCF800H 碳纤维工程化制备技术，并通过自主创新和引进消化吸收再创新，独创了一种兼具 T700 级碳纤维的高强和 T300 级碳纤维的优异表面结构性能的新的碳纤维品种，命名为 CCF700G。目前实现了 CCF300、CCF700G、CCF800H 碳纤维工程化批量生产，产品各项性能指标及其稳定性与日本东丽（T300 和 T800H）的性能相当，达到国际先进、国内领先水平。若干型号产品已成为航空航天领域装备研制、定型批产的关键材料，获得批量应用，打破了国外在该领域的垄断，实现了自主保障。

该项目已获得授权发明专利 11 件，授权实用新型专利 18 件。项目产品支撑了国防关键型号产品的批产，其中，CCF300 碳纤维在航空航天领域歼击机、直升机、大型运输机等多个型号上得到批量应用，实现了自主保障；CCF800H 碳纤维在某型号直升机开始批量装机，在航空领域新一代武器装备上进行验证考核；CCF700G 应用于航空工业复合材料，性能满足指标要求，中国航空工业集团公司成都飞机设计研究所同意，其通过稳定性评价评审，获取材料许用值。项目的应用，解决了我国航空航天领域武器装备用碳纤维国产化的"有无"问题，满足相关型号研制批产的需求，实现了国产关键战略材料的自主保障。

# 高值化聚酯纤维柔性及绿色制造集成技术

**主要完成单位:** 桐昆集团股份有限公司、新凤鸣集团股份有限公司、东华大学、上海聚友化工有限公司、嘉兴学院、中国纺织科学研究院有限公司、浙江恒优化纤有限公司、新凤鸣集团湖州中石科技有限公司、桐乡市中维化纤有限公司、桐乡市恒隆化工有限公司

**主要完成人:** 庄耀中、陈士南、孙燕琳、吉鹏、陈向玲、杨剑飞、甘胜华、管永银、沈富强、王华平、梁松华、肖顺立、颜志勇、朱伟楷、张厚羽

聚酯纤维是我国具有国际竞争力的最大纤维品种。聚酯行业从大容量、规模化向绿色、智能、高质量生产模式转变。该项目通过上下游产业链联动,从聚合—纺丝—加工全流程入手,以熔体直纺装置的紧凑一体柔性化、加工过程的高效低废绿色化、产品高质功能差别化为目标,构建聚酯纤维全流程的绿色制造体系。该项目率先设计开发全球首条"一头三尾"$2 \times 10^5$t/年差别化聚酯纤维熔体直纺装置。针对大容量熔体直纺产品品种单一、切换效率低和过渡料多等问题,研发多目标多层次酯化的"一头三尾"装置,满足多功能差异化品种高效、高质、低耗制备,在单套装置上实现5个系列1000多个规格产品的生产,大幅提高熔体直纺聚酯的绿色定制能力与水平。

该项目创新研发了聚合和纺丝的紧凑一体柔性化技术,运用3D建模技术,解决因管道缩短带来的应力释放、聚合与纺丝设备交叉碰撞等技术难题,实现聚合、纺丝在同一车间高度集成,熔体输送时间减少30%,黏度降降低0.003dl/g,大幅拓展多功能差别化纤维高质量绿色制造的范围。项目研发了高抗静电油膜上油及无水牵伸成套技术。攻克无水油膜高速牵伸纺丝的高静电瓶颈,开发免除预网、水分蒸发及油剂飞溅的短程低阻牵伸技术,能耗降低25%、挥发物降低90%,大幅提升功能性差别化FDY的绿色制造水平。项目创建了聚酯纤维全流程绿色管控及产品评价体系。攻克多组分共聚、不同物性材料原位聚合的成分混杂的废水高效回收分离回用技术,开发聚酯纤维一体化综合能效管理与分析技术,制定了聚酯纤维全流程绿色制造评价标准《绿色设计产品评价技术规范 聚酯涤纶》。

项目授权发明专利14件,实用新型专利2件,制定国家标准1项、行业标准2项、协会标准1项。项目已建成6000t/年功能性母粒、5000t/年高抗静电FDY油剂、20万吨/年全流程绿色聚酯纤维示范线,推动了聚酯纤维产业链绿色制造水平的整体提升,经济社会效益显著。

# 对位芳香族聚酰胺纤维关键技术开发及规模化生产

**主要完成单位：** 东华大学、中化高性能纤维材料有限公司

**主要完成人：** 胡祖明、于俊荣、曹煜彤、宋数宾、刘兆峰、赵开荣、张浩、祁宏祥、顾克军、戚键楠、李正启、陆春明、刘战武、高元勇、王彦

对位芳香族聚酰胺（PPTA）纤维，简称对位芳纶，具有高强高模、轻质、耐高温的特点和全面均衡且突出的性能，为产销量最大、性价比最高、应用面最广的高性能纤维，在国防安全、航天航空、交通运输和光纤光缆等领域具有不可替代的作用。项目立项前仅美国和日本拥有该纤维制备技术，但对我国实行技术和产品封锁。

该项目建成了质量稳定的国产对位芳香族聚酰胺纤维制造技术体系，属于新材料技术领域。对位芳纶制备关键技术包括高分子量 PPTA 聚合体连续制备、高效溶剂回收、快速溶解、高黏度溶液快速脱泡和稳定化液晶纺丝。项目深入研究了 PPTA 聚合机理和控制方法，开发了基于釜式预聚的双螺杆连续聚合关键技术与成套装备，设计了多螺杆混合器和双螺杆聚合反应器；开发了浓硫酸 /$SO_3$ 发泡冷冻粉碎、聚合体固态预混、升温溶解和高压脱泡关键技术；发明了高剪切速率 PPTA 液晶纺丝方法；创立了纺丝气隙稳定可控的干湿法液晶纺丝技术；开发了基于半成品纤维中开放式微孔结构的 PPTA 纤维功能化技术；开发了新型填料溶剂萃取、溶剂 / 萃取剂温度受控分离技术和高效溶剂精制技术，使溶剂回收率 ≥ 98%，纯度 ≥ 99.99%。建成了自主知识产权的对位芳纶生产技术体系，打破了美日技术垄断，实现了国产对位芳纶的稳定化、规模化和清洁化生产。

项目申请国家专利 25 件，其中已获授权发明专利 1 件、实用新型专利 3 件。项目成功用于安全防护、光纤光缆、汽车船舶和复合材料等领域。近三年产品实现全销售，新增产值 4.35 亿元，实现利润 1.38 亿元。项目已开始二期工程第一阶段 5000t/ 年生产线的建设，使我国国防安全和航天航空工业所需芳纶原料不再受制于人。

## 复合纺新型超细纤维及其纺织品
## 关键技术研发与产业化

**主要完成单位：** 浙江古纤道股份有限公司、浙江理工大学、江苏聚杰微纤科技集团股份有限公司、浙江恒烨新材料科技有限公司

**主要完成人：** 王秀华、沈国光、张大省、仲鸿天、张须臻、李为民、张新杰、袁建友、郭福江、张增松、李蓉、魏明泉

2018年我国化纤产量已达 $5.011 \times 10^7$ t，但同质同构化现象严重，面临利润空间不断被压缩的局面，亟须开发高品质、低能耗、高附加值的产品。复合纺超细纤维制备技术是化纤差别化中技术含量较高的纺丝技术，研发难度大，新的制备技术开发不足。其中海岛复合纤维存在难以染深色、色牢度差、海组分比例高等问题，而涤锦复合纤维则需要另行与聚酯高收缩纤维合股且热收缩后布面绒感不足，制约超细纤维的市场竞争力。项目针对上述技术瓶颈，成功研发了分散染料常压深染聚酯海岛复合超细纤维、原液着色深黑聚酯海岛复合超细纤维、高收缩涤锦复合裂离型超细纤维三种超细纤维制备技术，并从纤维原料、织造到染整进行技术集成开发，研制出高附加值新型纺织品。该项目属纺织科学技术领域，主要成果如下：

以新型四元共聚酯作为岛组分、第三单体含量的碱溶性共聚酯为海组分，设计停留时间短、压力分布均衡的专用纺丝组件，采用低温纺丝技术，在海组分含量 ≤ 20% 条件下，成功制备分散染料常压深染聚酯海岛复合超细纤维。成功开发了高分散性黑色母粒制备技术、色母粒在线精确计量添加技术及组件高效过滤技术等，攻克了因高固含量添加导致可纺性下降的难题，率先实现原液着色技术在海岛复合超细纤维中的应用，制得高色牢度的深黑聚酯海岛复合超细纤维。创新设计多元共聚酰胺的分子结构、特殊的五星型纤维截面，制得具有潜在异收缩性能且热收缩率在 15%~35% 可控的涤锦复合裂离型超细纤维。相应织物经开纤、高温热处理后，无需磨毛工序，即可产生致密、丰满的绒感。

针对三种新型超细纤维特点，设计不同织物组织，优化柔性开纤、染料精选、染色梯度升温与温和还原清洗等染整关键技术，开发了分散染料常压深染、色牢度高和织物免磨毛的系列高档纺织品，节能、降耗、减排等综合指标可降低15%。项目已获授权发明专利9件、实用新型专利11件，制订标准3项。项目的实施对推动复合纺超细纤维及织物制备技术进步具有很强的带动和示范作用，经济与社会效益显著。

# 阻燃抗燃个体防护装备测试评价技术研究及防护服开发

**主要完成单位：**常熟市宝沣特种纤维有限公司、军事科学院系统工程研究院军需工程技术研究所、应急管理部上海消防研究所、天津工业大学、南通大学、上海赞瑞实业有限公司、天津市宝坻区公安消防支队

**主 要 完 成 人：**谌玉红、钱俊、李晨明、赵晓明、曹永强、刘阳、孙启龙、张长琦、俞川华、陈平、蒋毅、林建波、曹丽霞、刘凯峰、刘国熠

阻燃抗燃防护服装是军队、消防部队、石油化工等行业最基本的个体防护装备，也是保证作业人员执行火灾救援，反恐维稳等非战争军事行动必需的生存保障装备。但由于我国阻燃抗燃防护服装的测试评价一直以织物的垂直燃烧和TPP测试等为依据，无法预测火场环境下着装人体烧伤程度，服装整体结构、层次配套和重点防护部位等研究缺乏科学的测试手段和理论依据，没有形成完整的技术体系，且现装备的消防服质量重、容水多、透气散热性能差，严重影响消防官兵的作业效能。

为攻克关键技术难题，该项目建立了人体皮肤与织物传热仿真模型、研制了阻燃抗燃个体防护装备测试评价系统同时参与相关国家标准的制定。在此研究指导下，开发出高性能阻燃抗燃材料和防护服装。主要研究内容包括：

（1）分析人体皮肤传热特性，开展动物烧伤试验，创建了人体皮肤传热仿真模型和烧伤评估模型，解决了强瞬态火场条件下人体皮肤烧伤程度预测难题。（2）研究纤维的物理性能、纱线及织物结构与热传递的关系，建立了织物传热仿真模型，明确了防护材料热防护性能的影响因素。（3）研制耐高温耐烧蚀的假人本体复合材料、皮肤仿生热感应传感器和快速数据采集处理系统，发明了燃烧假人系统，实现了个体防护装备阻燃抗燃性能的定量测试评价。（4）发明了三级燃气输送管道压力调节系统、专用燃烧器和火场环境模拟系统，创造了稳定安全可靠的火场环境。（5）研究分析着装人体在火场环境中的重点防护部位，优化设计面料组分、服装功能结构和层次配套，开发出多种阻燃抗燃材料和防护服装。

项目已获授权发明专利18件，实用新型专利13件，软件著作权2项，制定国家标准2项，纺织行业标准3项。项目成果已应用于军队阻燃作战服、消防员防护服和职业阻燃防护服等的研制开发；研制的14万余套防护服装已在全国20余省市消防部队广泛应用。

# 多轴向经编技术装备及复合材料制备关键技术及产业化

**主要完成单位**：常州市宏发纵横新材料科技股份有限公司、东华大学、郑州大学、常州市新创智能科技有限公司、常州市第八纺织机械有限公司、北京航空航天大学

**主要完成人**：陈南梁、谈昆仑、刘春太、段跃新、蒋金华、谈源、蒋国中、刘勇俊、李小强、张娜

目前，高性能纤维的多轴向经编装备关键技术及其复合材料高效率制备技术被德国、日本等发达国家垄断，尤其是技术壁垒较高的碳纤维多轴向经编装备及技术、复合材料深加工技术严禁出口。国内多轴向经编材料制备及下游复合材料生产技术、效率与国外差距明显。因此开展多轴向经编装备关键技术及其复合材料应用技术研究极为关键。

该项目围绕高性能纤维"多轴向织造—复材成型—加工应用"的产业关键环节和技术展开，掌握和攻克了多轴向经编技术、织物及复合材料低成本、高效率的理论基础及生产加工核心关键技术。主要技术内容创新包括：

（1）掌握了碳纤维／玻璃纤维高速多轴向经编机核心技术和装备。突破了碳纤维恒宽在线展纤、多经轴单独捆绑、机器人智能储纱，开发了自由多角度铺纬，纱线铺设精确度达到±0.5°，突破了多轴向经编机三十轴联动、整机智能控制等技术，建立了自学习光电纬纱状态感知装置与特征数据库。（2）开发了低成本全规格碳纤维、玻璃纤维及混essa多轴向织物及编织技术，攻克了低克重加密分纱玻纤织物编织技术，低成本大丝束碳／碳、碳／玻混杂层间全规格多轴向编织技术；发明了多角度铺纬机构，研发了碳纤维和玻璃纤维两种材料的恒速张力闭环控制技术、自动化混合铺设技术、张力协同控制技术等。（3）掌握了碳纤维增强热塑／热固编织结构复合材料快速成型技术。构建了碳纤维增强编织结构复合材料宏、细观性能预测以及结构一体化优化设计方法，研发了我国独有的可回收热塑性碳纤维热压模具和成型工艺，首次实现了我国碳纤维增强热塑性编织结构复合材料汽车结构横梁的集成制造，研发了热固性树脂基复合材料快速成型及自动化单元装备技术，突破了大规模工业化生产的技术瓶颈。

项目成果已获得授权发明专利40件，实用新型专利60件；发表论文20余篇；制定国家标准2项，有力促进了多轴向经编技术及先进复合材料技术的发展。

# 航空关节轴承用自润滑织物复合材料设计开发

**主要完成单位：**上海大学、上海市合成树脂研究所有限公司、上海市轴承技术研究所、中国航空工业集团公司沈阳飞机设计研究所

**主要完成人：**俞鸣明、梁磊、张艳、任慕苏、方琳、姚卫刚、段宏瑜、杨敏、李红、周劼、胡和丰、颜莉莉、肖依、黄雄荣、薛峰

自润滑织物复合材料作为航空关键材料，应用于歼击机鸭翼、起落架、襟翼等重要部位以及武装直升机旋翼系统的主桨、尾桨、传动系统等关键部位的自润滑关节轴承，材料性能直接影响战机性能与安全可靠性。目前国产材料性能可与进口常规产品（Dupont7623）相当，服役寿命约2.5万次。但是，随着航空工业的迅猛发展，国外发达国家的自润滑织物复合材料的服役寿命已提高到10万次，但相关技术仍对我国进行技术封锁。

为了提升国内航空关键材料性能，突破国内现有技术瓶颈，打破国外技术垄断，该项目将先进纺织技术、树脂分子设计技术、固体润滑颗粒复配技术和纤维—树脂界面优化技术相结合，系统研究了纤维选型和配比、纱线组成和结构，开发了聚四氟乙烯/间位芳纶自润滑织物；设计了低黏、高韧树脂的分子结构，研究了多层石墨烯/石墨协同改性技术，发明了减摩耐磨酚醛树脂制备技术；开发了织物等离子体处理和复合浸胶技术，优化了纤维—树脂界面结合性能；建立了自润滑织物复合材料磨损演变模型，研发出多尺度增强自润滑织物复合材料以及相应的成套设备和工艺体系，实现了自润滑织物复合材料的稳定批量生产。产品性能优越，满足航空低速重载关节轴承服役次数10万次以上要求，达到最新版SAE AS81820的相关技术要求，总体技术达到国际先进水平，具有自主知识产权（获得国家发明专利1项，实用新型专利1项），打破了国外对先进新材料和航空关键构件的技术垄断，为X—8、X—9系列直升机、以及X—10系列、XX—15、XX—20等10余个型号100余架固定翼飞机、无人机和航空发动机的研制任务提供了重要保障，军事和社会效益显著。自2018年以来，自润滑织物复合材料相关产品销售3.9万余件，销售额6150余万元，利润约1281万元，具有良好的经济效益。

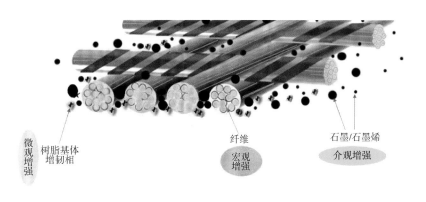

微观增强　树脂基体增韧相

纤维　宏观增强

石墨/石墨烯　介观增强

# 车用非织造材料柔性复合生产关键技术与装备

**主要完成单位：**江苏迎阳无纺机械有限公司、南通大学、江南大学

**主 要 完 成 人：**范立元、张瑜、章军、朱亚楠、李素英、付译鋆、范莉、殷俊良、徐林、许利中、谈越斌、谢军辉、张鑫荣、王海楼、于树发

近年来，我国大飞机、高速列车、汽车产业飞速发展，车用纺织材料需求量每年超过40亿平方米，其中非织造材料占70%。车用非织造材料具有高回弹性、耐日晒、耐热、色牢度高、万次以上耐磨性好、安全无毒等特点，现有生产装备功能单一，不能适应多种原料混合及复合在线成型，产品无法满足多功能要求，严重制约了复合车用非织造材料的推广应用。该项目主要科技内容如下：

（1）创新了针刺、撒粉、热熔等多工艺柔性复合方法，解决了生产线功能单一的问题，实现了从纤维到多种产品（针刺布/纤维网、针刺布/PP膜、针刺布/纤维网/PP膜）在线复合一次成型。（2）发明了多种纤维混合梳理的关键机构，解决了混合梳理时纤维易断、滞后转移及成网不匀的行业难题，实现了纤网均匀度$CV < 2\%$，梳理机混纺产量提高30%。（3）研发了针刺机负载分布技术和共轭平衡技术，解决了针刺机重载高速运行失衡问题，实现了$2000g/m^2$高克重车用非织造材料1800次/分钟高频率针刺成型，针刺效率提高50%。（4）开发了车用非织造材料柔性复合成套装备，研发了工艺参数专家系统和物联网系统，实现了车用非织造材料的数字化生产。

项目获授权发明专利11件、软件著作权1项，制定国家标准2项。项目装备生产能力1000kg/h，可生产10种以上产品。近三年，项目装备累计销售80台套，新增直接经济效益7.2亿元，新增利润9712万元；出口美国、德国、俄罗斯等发达国家，创汇4160万美元。项目装备累计生产复合车用非织造材料5.5亿平方米，创造间接经济效益98.6亿元。项目成套装备符合工业和信息化部《产业用纺织品行业"十三五"发展指导意见》中"加快纺织基柔性复合材料开发应用"的要求，相对离线复合设备，综合投资降低60%，生产效率提高30%，生产成本降低40%。项目装备提升了我国车用非织造材料的国际竞争力，为产业用纺织品行业的结构调整、转型升级做出了积极贡献。

# 化纤长丝卷装作业的全流程智能化
# 与成套技术装备产业化

**主要完成单位**：北自所（北京）科技发展有限公司、东华大学、福建百宏聚纤科技实业有限公司、浙江恒逸高新材料有限公司、北京机械工业自动化研究所有限公司

**主 要 完 成 人**：王勇、冯培、侯曦、江秀明、吕斌、杨崇倡、吴振强、徐慧、王永兴、满运超、曹晓燕、王丽丽、王生泽、王峰年、何鸿强

化纤长丝卷绕成一定规格的卷装后，经落卷、转运、外观检测、包装和仓储等工序，完成卷装全流程作业。传统卷装作业存在工人劳动强度大、效率低、技能要求高、产品质量评定稳定性差，各工序作业信息采集、传递和数据汇总困难，产品缺乏完整实时信息和数据可追溯性等弊端，常规自动化设备难以替代人工作业，因而成为制约化纤行业进一步转型升级的瓶颈。

该项目全面梳理卷装作业工艺，凝练关键技术，针对卷装作业对象柔性，外表曲面粗糙，产品品种批号多，涉及设备类型多，设备运行、产品质量检测等数据量大且多源异构的特点，提出了适应卷装全流程作业的智能制造新模式；结合刚柔耦合动力学行为特性，研发直角坐标落卷机器人，外观在线智能检测等14种卷装作业专用装备；采用模块化设计技术，构建出了可适应多品种工艺要求的卷装作业硬件系统；提出机器视觉检测智能等级判定算法与标准，实现卷装外观的在线智能检测；运用多源异构的大数据瞬态实况数据分析处理技术，解决了长丝卷装作业全流程信息高效实时处理与高准确率难题，开发了具有多源异构特征的卷装作业全流程的实时智能管控系统，实现长丝卷装全流程高效智能化作业，为化纤长丝生产车间和工厂的智能化支撑奠定了坚实的基础。项目研究分别获得4项国家发改委、科技部、工信部立项支持。

该项目已发表科技论文18篇；授权国家发明专利14件，实用新型专利11件，软件著作权14项；工信部行业标准1项（已立项）。该项目的成功实施，为化纤生产的数字化车间和智能工厂建设奠定了坚实的基础。成果推广应用于棉纺、毛纺、印染及非织造等典型纺织行业，可有效促进纺织行业技术进步。

# 高耐摩色牢度热湿舒适针织产品开发关键技术

**主要完成单位：**东华大学、泉州海天材料科技股份有限公司、上海嘉麟杰纺织品股份有限公司、南通泰慕士服装有限公司、上海三枪（集团）有限公司

**主要完成人：**蔡再生、杨启东、张佩华、王启明、曹春祥、徐小斌、葛凤燕、王俊丽、李晓燕、顾海、王俊、陈力群、王卫民、赵红、董蓓

目前市场上80%以上的休闲、运动装是针织面料制成的，2017~2018年规模以上针织企业主营年收入均超7000亿，出口均超880亿美元。但针织行业仍面临一些问题，如：棉型针织物染色加工需要大量无机盐促染，排污严峻；蚀毛、磨毛、起绒类深色产品湿摩擦牢度低；普通针织服装在运动或湿热多汗时粘着人体肌肤，舒适性差，严重制约了高品质休闲、运动针织服饰的发展。该项目是高品质产品开发及其关键技术的重大创新。主要创新成果：

（1）设计和制备了pH/温度双重响应型聚电解质改性剂，可调节与活性染料的吸附、解吸能力，创建无盐浅色匀染、深色透染技术，攻克了一般阳离子改性剂改性后织物染色不匀、色光不可控、色牢度不佳的技术瓶颈。（2）开发了色摩擦牢度提升剂和固色/柔软同浴一步处理工艺，克服了磨毛、蚀毛、绒类深浓针织物湿摩擦牢度低的技术问题。（3）分别基于涤盖棉组织结构、微型窗印花整理技术和里表层亲疏水不同浸润性组织设计，开发一系列具有导湿速干效应的热湿舒适性针织面料。

该项目获得发明专利26件，制定国家和行业标准12项，企业标准5项，发表论文45篇。项目已在上海嘉麟杰、泉州海天、南通泰慕士、上海三枪等20多家企业推广应用。棉型针织物无盐染色引领了技术进步；开发的针织服饰体感舒适、经久耐用、有极好的排汗效果，在运动休闲服装和快时尚休闲系列服装及PCU、ECWCS等军用服装上有很好的应用。该项目实现了棉型针织物无盐生态染色提升了磨毛、绒类深色针织物湿摩擦牢度，奠定了高品质热湿舒适针织产品开发领域的领先地位；引领了我国针织染整生态生产、高摩擦色牢度热湿舒适性针织物应用技术进步和产业升级，取得了显著社会效益。

## 印染废水低成本处理与高效再生利用关键技术和产业化

**主要完成单位：**盛虹集团有限公司、时代沃顿科技有限公司、东华大学

**主要完成人：**唐俊松、李方、梁松苗、钱琴芳、张雪根、张建国、吴学芬、杨波、田晴、吴宗策、王思亮、刘艳彪、马春燕、沈忱思、徐晨烨

该项目针对目前印染废水处理与再生综合成本高、产水回收率低、工艺流程长等问题，基于化纤印染工艺产排污环节及废水的特点，围绕低成本和高回收率，采用低压抗污染的膜材料与节能优化膜系统工艺，以物化气浮协同技术、生物增效强化技术为预工艺，开发了印染废水低能耗、高回收率集约系统关键技术，掌控系统集成主要工艺段的工艺参数和关键控制条件，最终形成一系列具有自主知识产权且处于国际领先的印染废水低成本处理与再生水高效利用关键技术。项目工艺路线工艺流程简单清晰，废水处理与再生水成本显著降低，且设施易于运行管理，提升纺织印染工业污染防治技术水平，也为其他相关行业废水治理提供了技术参照。

该项目形成发明专利 8 件，发表论文 7 篇，参与标准制定 2 项。项目建立省级循环经济标准化试点基地 1 个、建成运行规模化系统 4 套，共计预处理设计规模 65000t/d、再生水产水设计规模 ≥ 45500t/d 的规模化运行系统。2018 年共产生再生水 1555.2 万吨 / 年，平均回用率达到 71.4%，节约成本 2484 万元 / 年。项目实施单位盛虹集团完全达到太湖流域对 CODCr、氨氮、总氮、总磷等废水排放污染物指标的限值要求和排污证废水排放许可量的要求，且实现总锑的超低排放，产生了显著的经济效益与社会效益。

经该项目技术系统处理的印染废水处理成本为 2.8 元 /t，回用水处理成本为 2.0 元 /t，回用率大于 70%，显著优于国内外同类技术的经济技术指标。该项目开发的关键技术在降低废水处

理成本和生产用水综合成本的基础上，实现了 70% 以上的回收率，以"能耗—回收率"最优化的集约化系统设计的理念、短流程"单膜法"工艺、高效预处理膜保障技术，为纺织印染工业的减排提供技术保障，扩展了行业发展的环境容量，为整个纺织工业的可持续发展提供必要条件，也为经济发展和生态环境之间的平衡起到良好的示范效应。

# 阳离子漂白活化剂的创制及棉织物前处理
# 关键技术产业化应用

**主要完成单位：**江苏联发纺织股份有限公司、江南大学、传化智联股份有限公司

**主要完成人：**许长海、唐文君、金鲜花、杜金梅、于拥军、姚金龙、于银军、邵冬燕、向中林、孙昌、王孟泽、陈八斤

　　棉纤维是重要的纺织原材料，被广泛用于服装和家纺用品。棉纤维中含有棉腊、果胶、色素等天然杂质，会严重影响棉织物的后续印染加工性能，因此需通过精练和漂白前处理去除。棉织物的常规前处理工艺是使用烧碱和过氧化氢对其进行高温浸渍、轧蒸或冷轧堆处理，具有能耗高、用水量大或生产周期长等问题，制约了我国印染企业的可持续发展。为此，该项目创制了阳离子漂白活化剂，构建了可用于棉织物低温浸渍漂白和快速轧蒸漂白的活化漂白体系，实现了棉织物节能减排前处理技术的突破及其产业化应用。该项目主要技术创新点如下：

　　（1）阳离子漂白活化剂的创制及一锅法制备技术。针对现有的漂白活化剂水溶性差、对过氧化氢活化性能低的问题，提出并设计了以季铵盐阳离子为水溶性基团、芳甲酰基为活化基团、内酰胺为离去基团的阳离子漂白活化剂，并将多步合成反应在一锅实施完成，开发了一锅法制备技术并实现产业化，有效提高了阳离子漂白活化剂的生产效率，并降低了生产成本。（2）活化漂白体系构建技术。揭示了阳离子漂白活化剂对过氧化氢的活化机理，通过调控阳离子漂白活化剂、过氧化氢及 pH 调节剂的摩尔配比，构建了可在近中性条件下对棉织物高效漂白的活化漂白体系。（3）棉织物低温浸渍漂白前处理技术。利用创新点 2 的活化漂白体系，实现了 50℃条件下的棉针织物低温浸渍漂白前处理；并将活化漂白体系与生物酶退浆和酶精炼技术结合，实现棉机织物的酶氧一浴低温短流程前处理。（4）棉织物快速轧蒸漂白前处理技术。

利用创新点 2 的活化漂白体系，实现了棉织物快速轧蒸漂白，使汽蒸时间缩至 4min，显著提高了棉织物漂白前处理生产效率。

　　该项目获授权国家发明专利 7 件、美国发明专利 2 件，发表论文 14 篇。项目成果为纺织印染加工企业提供了高效节能减排方案，加快了我国纺织印染企业实现清洁加工的步伐。

## 涤棉中厚织物短流程连续清洁染色技术与关键装备

**主要完成单位：** 东莞市金银丰机械实业有限公司、东华大学、上海安诺其集团股份有限公司、华纺股份有限公司、上海七彩云电子商务有限公司、广东智创无水染坊科技有限公司、东莞市华地皮革有限公司

**主要完成人：** 毛志平、李智、钟毅、徐长进、李裕、孙红玉、吴冬、栗岱欣、杜红波、闫鹏琼、魏辉、梁芳、纪立军、闫英山、袁方怡

该项目系统研究了分散染料晶体结构对其超细化效果的影响，创新设计新型梳状两亲聚合物高效分散剂，优化分散染料超细化工艺，获得高稳定性液态分散染料，基于水热协同塑化作用，开发涤纶织物免水洗染色工艺技术；在系统研究织物上自由水及结合水、无机盐等对活性染色固色效率影响的基础上，开发纯棉、涤棉织物轧—烘—焙蒸短流程染色工艺；创新设计具有防分散染料逸散、水热协同固色作用的专用染色装备，实现涤棉纯纺及混纺织物的短流程染色产业化。

项目研发的液态分散染料，无可分解致癌芳香胺，分散剂含量少于10%，染料平均粒径（D90）均小于500nm；染色织物色牢度：皂洗牢度原样变色≥4.5级，沾色≥4.5级，干摩牢度≥4级，湿摩牢度≥3级，耐热压≥4.5级；密闭式焙蒸固色设备符合机械电气安全机械电气设备　第1部分：通用技术条件GB 5226.1—2008标准要求。

对于涤纶织物，与传统热熔染色技术相比，新技术能源（电、蒸汽）消耗降低20%，除清洗设备产生少量的废水外，染色过程无其他废水产生和排放，减少废水及COD排放90%以上，对于纯棉、涤纶/棉混纺织物，新技术节能30%，节水20%，减少电解质使用量90%。

该项目已获得国家发明专利授权14件，获实用新型专利授权2件。项目的推广应用经济社会效益显著。项目技术改变了涤棉织物传统染色工艺，技术推广将提高技术应用企业的核心竞争力，提升我国印染行业节能减排水平。技术成果对行业的科技进步推动作用效果明显。

陈文兴

**陈文兴，教授，博导，**1964年12月生。现任浙江理工大学校长、国务院学位委员会学科评议组纺织科学与工程组成员、教育部高等学校纺织类专业教学指导委员会副主任、国家地方联合工程实验室"纺织纤维材料与加工技术"主任、浙江省时尚产业联合会会长、《丝绸》杂志主编、《纺织学报》编委会副主任。

陈文兴近5年主要从事涤纶工业丝高效节能制备技术的研发工作，通过产学研合作，攻克熔融缩聚制备高黏聚酯熔体的重大技术难题，研发成功涤纶工业丝熔体直纺生产新技术，改变国际通行的三段法切片纺生产方式。全球涤纶工业丝长期采用先熔融缩聚、再固相缩聚、然后螺杆熔融挤出纺丝的三段法切片纺工艺生产，存在工艺流程长、设备投资大、生产效率低、产品能耗高等弊端。陈文兴通过产学研合作，建立管外降膜熔融缩聚新方法，发明立式液相增黏反应器，研发成功高黏度大流量集约化柔性化熔体直纺生产技术，实现涤纶工业丝高效节能生产。熔体直纺新技术与国际通行的三段法切片纺相比，工艺流程从40小时缩短为10小时左右，单位产品综合能耗降低1/3以上。项目是涤纶工业丝行业的重大技术创新，总体技术达到国际领先水平。

陈文兴主持承担国家重点研发计划项目、国家自然科学基金重点项目、教育部创新团队项目等30余项国家和省部级科研项目，以第一完成人获国家技术发明二等奖1项、国家科技进步二等奖1项、省部级一等奖4项，获何梁何利基金产业创新奖、中国纺织学术大奖、浙江省劳动模范、浙江省优秀教师称号。入选国家"万人计划"百千万工程领军人才、浙江省特级专家。

---

王华平

**王华平，研究员，博导，**1965年7月生。东华大学研究院副院长，博士生导师。王华平先生致力于纤维科学和工程研究，长期工作在纤维材料科学和工程创新的第一线，先后获国家科技进步二等奖5项、省部级科技奖23项；获全国优秀科技工作者、中国纺织学术大奖、改革开放40年纺织行业突出贡献人物等荣誉。

近5年来，他带领团队，致力纤维纺丝成形关键技术创新与产业升级，联合百宏、盛虹、桐昆等承担工信部绿色制造、智能制造专项；创建了国家先进功能纤维创新中心。研究成果获2018年国家科技进步二等奖，2015年上海市技术发明一等奖，5次获中国纺织工业联合会科学技术进步一等奖。承担国家支撑计划、自然科学基金等项目，开发的舒适改性、超细旦、亲水仿棉、高保型、微纳改性等聚酯纤维制备关键技术，突破差别化功能化纤维品质瓶颈；作为国家重点研发计划项目负责人，开展废旧聚酯纤维再生关键技术研究，构建"分、合、调"一体化的再生纤维产业化集成技术体系，促进纺织资源高效利用及循环经济发展；研究纤维素纤维生物法与清洁化加工技术新体系，突破纤维素纤维技术与品质提升的瓶颈。

作为学术带头人，推进纤维材料改性国家重点实验室及材料学国家重点学科建设，指导博士生获上海市优秀博士学位论文，指导的青年教师4次获桑麻科技一等奖，2人获中国纺织学术带头人。积极参与行业共性关键技术创新，成果在新凤鸣、桐昆、百宏、大发等企业广泛应用，推动了千万吨聚酯纤维的技术创新与持续进步。参与中国工程院等纺织科技发展战略研究，创建中国纤维流行趋势发布平台，负责中国大百科全书纤维分册的编著，推动纤维标准化体系建设；为行业科技进步与人才培养做出重要贡献。

王锐，教授，博导，1963年9月生。现任北京服装学院博士生导师，四川大学、天津工业大学兼职教授，中国材料研究学会高分子材料与工程分会委员，中国纺织工程学会常务理事，北京纺织工程学会副理事长。

王　锐

主要从事功能纤维材料研发工作，重点开展环保型复合功能纤维、阻燃纤维和超细纤维的结构设计、制备工艺及产业化核心技术开发。近年来主持国家重点研发计划、国家支撑计划、国家自然科学基金、海外及港澳学者合作研究基金等科研项目50多项。作为第一完成人获国家科学技术进步二等奖2项，光华工程科技奖(青年奖)1项，中国纺织工业联合会科学技术进步一等奖2项，改革开放三十年推动纺织产业技术升级重大技术进步奖1项，桑麻纺织科技一等奖1项；作为技术骨干获中国轻工业联合会科技进步一等奖1项；获改革开放40年纺织行业突出贡献人物奖，全国化纤行业"十二五"行业贡献奖。作为副主编编著的《超细纤维生产技术及应用》获"三个一百"原创出版工程奖。发表论文200余篇，83篇被SCI和EI收录，授权发明33项，其中1项获第九届国际发明展览会"发明创业奖·项目奖"铜奖，出版著作5部。

曾被评（选）为享受国务院政府特殊津贴专家，第七届全国优秀科技工作者，北京市有突出贡献科学、技术管理人才，北京学者，新世纪百千万人才工程市级人选，科技北京百名领军人才，中国纺织学术带头人，北京市属市管院校高层次人才及拔尖创新人才，获北京市"三八"红旗奖章，北京市优秀教师，北京市教育创新标兵，北京市师德标兵，北京市先进工作者；北京市第十三届政协委员，北京市第十一次党代会代表，北京市高校优秀共产党员，北京市群众心目中的好党员。

---

张国良，教授级高工，博士，1956年9月生。现任连云港鹰游纺机集团和中复神鹰碳纤维有限责任公司董事长，兼任中国化学纤维工业协会碳纤维分会会长、中国复合材料学会理事及空天动力复合材料及应用专业委员会委员、武汉理工大学博士生导师等，于2016年当选"万人计划"国家高层次领军人才，享受国务院特殊津贴。

张国良

张国良同志长期从事碳纤维工程化技术和成套装备研发，是我国碳纤维产业化及装备自主化的开拓者。在率先实现了千吨T300级碳纤维产业化的基础上，张国良带领团队在国内首次开展了干喷湿纺碳纤维产业化关键技术及装备研究，突破了高黏度原液制备、干喷湿纺温度致变凝固成型、高速纺丝、快速预氧化等关键技术，研制了60m³大型聚合釜、干喷湿纺纺丝机、大宽幅耐腐蚀碳化炉等关键装备，建成了国内首条具有完全自主知识产权的干喷湿纺T700/T800级千吨碳纤维生产线以及T1000级百吨生产线，解决了国产碳纤维"卡脖子"问题，打破了国外技术封锁和产品垄断，推动了我国高性能碳纤维技术水平的大幅提升，带动了下游复合材料行业的快速发展，保障了我国国防军工以及战略新兴产业对碳纤维材料的迫切需求。

张国良同志获得授权专利54件，其中发明专利26件，发表学术论文近20篇，出版专著2部，先后荣获了"全国五一劳动奖章""全国首届杰出工程师""中国纺织技术带头人"和"全国优秀科技工作者"等荣誉称号，作为第一完成人荣获2017年度国家科技进步一等奖，2018年荣获"何梁何利基金科学与技术创新奖"。

## 数字化经编机系列装备及其智能生产
## 关键技术与应用

**主要完成单位**：东华大学、福建屹立智能化科技有限公司、福建华峰新材料有限公司

**主 要 完 成 人**：孙以泽、孟婵、陈玉洁、郗欣甫、李天源、蒋世楚、葛晓逸、颜梦、徐天雨、杨德华、马文祥、苏柳元、孙志军、李培波、吴建通

运动鞋服产业链中，面料生产是最重要最关键环节，面料档次与结构直接决定产品价值。高档运动鞋服面料具有三维多面立体提花、间隔高叠层提花等复杂花型，工艺复杂，对装备技术要求高。长期以来高档经编机由德国卡尔迈耶公司垄断，严重制约了我国由经编大国向经编强国发展，阻碍了运动鞋服产业向高档化发展。

该项目对数字化双针床经编机及其智能生产关键技术开展研究，形成了如下创新成果：项目提出了双针床经编机梳栉横移系统与成圈系统的多体动力学分析与可靠性优化方法，为3D复杂花型的高精度经编织造、高速稳定运行奠定了理论基础；原创特殊工艺要求下数字化经编机关键机构及实现方法，解决了三维多面立体提花、间隔高叠层提花等复杂花型的经编难题，满足了高端应用需求；提出了整机数控系统的参数优化方法，研制了基于多处理器的高性能嵌入式数控系统，实现了数控系统与机械系统的深度融合；提出了数字化经编机信息模型，实现了数据实时采集、信息共享、智能决策、个性化定制等在经编智能生产中的集成应用，为经编智能制造提供了技术支撑。

基于上述创新，研发出15个型号数字化经编机系列装备，已生产483台，相关智能生产关键技术已在5个数字化经编车间应用。授权发明专利5件，登记软件著作权6项，制定企业标准2项。项目成果打破了发达国家垄断，开辟了经编生产新模式，加快了新一代信息技术与纺织产业融合，促进了纺织工业发展。

# VCRO 自动络筒机

**主要完成单位**：青岛宏大纺织机械有限责任公司、北京经纬纺机新技术有限公司、中译语通科技（青岛）有限公司

**主要完成人**：邵明东、车社海、朱起宏、刘铁、贾坤、王海霞、王炳堂、许燕萍、张文新、闫新虎、国世光、刘晓良、王小攀、张华、周喜

青岛宏大纺织机械有限责任公司研制了集智能化、远程运维、广适纺性于一体的具有自主知识产权的创新型 VCRO 全系列自动络筒机，卷绕速度为 400~2200m/min，万锭用工减人 75%，提高了国产托盘式自动络筒机的技术水平和市场占有率，改变纺织企业发展受到国外制约的现状。

项目的关键技术及创新点为：研制了高效供纱和插管系统，单插管 55 个/′，双插管 60 个/′；研制了新一代落筒小车，落筒成功率大于 95%；研制了单锭栅式张力机构及新型筒纱后握持结构和支臂平衡加压机构，筒纱成型更优，好筒率大于 99.5%；研制了天丝等适纺纤维素纤维的退捻及加捻结构，提高了捻接器的适纺性和捻接质量的一致性；研制了全新的电气控制技术，特别是远程运维技术和管纱质量追踪系统，使故障率降低 6%。项目成果具有自主知识产权，授权发明专利 11 件（国外 6 件，国内 5 件），实用新型专利 23 件，外观专利 1 件，软著 2 项，论文 4 篇。

该项目达产后可年产 VCRO—E 集中纱库式自动络筒机 400 台，VCRO—I 细络联式自动络筒机 300 台，年销售收入可达 5.95 亿元，年利润总额为 4760 万元/年。该项目自 2018 年推向市场以来，截至 2019 年底已形成销售 421 台。重点客户有武汉裕大华、湖南科力嘉、夏邑恒天永安、四川芦山湘邻、新疆川棉等。该项目的实施提升了我国在自动络筒机的国际地位，把握了自动络筒机发展的主动权，为振兴装备制造业、促进纺织装备产业升级起到推动作用。

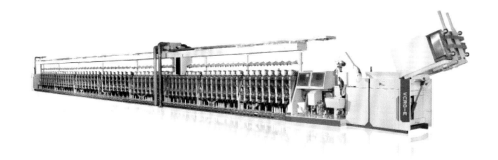

# 高速经编机槽针的研发生产和应用

**主要完成单位：**东华大学、义乌云溪新材料科技有限公司、浙江佛洛德针业有限公司、海宁市栩通新材料有限公司

**主要完成人：**朱世根、丁浩、胡菊芳、舒建日、白云峰、董威威、骆祎岚、潘益森、狄平、朱巧莲

在项目开展之前，高速经编生产用槽针，完全由德国格罗茨公司独家垄断，企业随时面临织针断供、停机停产的风险，生产完全受制于人。因此，我国经编产业在繁荣的表象之下，一直存在重大安全隐患。针对这一行业重大需求和德国格罗茨公司的技术封锁，项目组突破了精细槽针制造难度的极限，成功开发出可替代格罗茨公司的槽针，打破国外垄断，解决了针织生产的"卡脖子"问题，使我国经编生产摆脱了核心零件断供的威胁。企业排除了自主发展的隐患，节约了成本，减轻了负担。

自主研发的系列槽针，在经编生产的编织功能、生产稳定性和槽针寿命方面，与国际领先的德国格罗茨织针相当，可以与格罗茨织针替换或混用。对实现国产替代和保障经编生产安全意义重大。

织针结构精细、形状不规则，高端织针质量要求极高。围绕织针性能、尺寸稳定性、表面质量等问题，项目组解决了行业长期普遍存在的一些关键共性技术难题，对国产织针升级换代和高端化发展具有重要的促进作用。项目创新和关键技术包括：

（1）连续淬火气氛调控技术、热处理协同控制判据及针钩弹性极限检测技术。（2）双重四导柱零间隙倒装模具技术及可控凹模刃口倒角技术。（3）织针成品检验的机器视觉自动检测技术。（4）针对尖针钩和窄深槽的织针屏蔽引流低浓度硬铬电镀技术。（5）锯槽工序的加工、检测技术。

自主研发的槽针在经编企业应用最长已超过6年，适用于各种纤维纱线，可生产各种面料，织物质量可靠，生产稳定。2017~2019年三年期间，新增销售额114.27亿元，节约成本22.15亿元，经济效益合计136.42亿元。该项目获授权发明专利3件，实用新型专利1件，在审发明专利5件，发表学术论文30余篇。

# 花式色纺纱多模式纺制关键技术及应用

**主要完成单位：** 华孚时尚股份有限公司、江南大学

**主 要 完 成 人：** 高卫东、朱翠云、胡英杰、练向阳、郭明瑞、何卫民、瞿静、孙丰鑫、王蕾、刘新金、刘伟、高明初、周建

普通色纺纱因混色比恒定，产品外观较为单调，花式效果不强，已难以满足当今消费者对个性化和时尚化的高要求。针对上述问题，该项目将色纺纱和花式纱两者的加工技术加以融合，通过纺纱多工序的牵伸部件设计、伺服系统驱动、工艺条件优化和纱线模拟仿真等技术创新，实现科技与时尚的有机结合，成功开发出附加值高、外观新颖、风格多样的花式色纺纱产品。

项目从花式色纺纱的特征参数（花式片段长度、混色比例范围和混色变化速率）的在线调控着手，基于牵伸混色、变量色比和多模式纺制的创新思路，攻克了花式色纺纱纺制关键技术，包括：

（1）基于花式棉条的花式色纺纱纺制技术：在并条机上，将两根异色棉条差动并入底色棉条，通过牵伸混色制得具有花式效应的棉条，再经后道常规加工纺制成花式色纺纱。（2）基于花式粗纱的花式色纺纱纺制技术：在粗纱机上，将一根彩色粗纱断续混入正常输入的棉条，通过牵伸混色制得具有花式效应的粗纱，再经后道常规加工纺制成花式色纺纱。（3）花式色纺细纱柔性纺制技术：在细纱机上，将两根异色粗纱以两个通道独立喂入，通过伺服驱动柔性调控两根粗纱纤维的喂入量，纺制出不同花式效应的花式色纺纱。（4）超短片段花式色纺细纱纺制

技术：在细纱机上，将两根异色粗纱以单个通道喂入，通过异形前胶辊对异色粗纱纤维须条进行差动牵伸，经集聚后纺制成超短花式片段的花式色纺细纱。上述纺制技术均以单色半制品进行混色，这也提高了原料利用和品种翻改的灵活性。

项目获授权美国发明专利1件、国家发明专利7件、实用新型专利3件、软件著作权1项、发表论文6篇（SCI收录文2篇）。该项目技术成果已在华孚时尚股份有限公司实现了产业化应用，对纺织行业技术进步、纺织新产品开发具有推动作用，经济效益和社会效益显著。

# 低耗能低排放织造浆纱关键技术及应用

**主要完成单位：**西安工程大学、银基科技发展有限公司、陕西五环（集团）实业有限责任公司、宝鸡天健淀粉生物有限公司

**主要完成人：**武海良、沈艳琴、何安民、刘相亮、周丹、姚一军、李冬梅、王卫、张明社

浆纱决定了织造效率及对环境的要求。现有浆料和浆纱技术，织造需要在高温高湿、高上浆率下进行，带来了高能耗和高排放问题。

针对织造中高能耗的问题，研究了适于低湿度下织造的保湿淀粉浆料制备方法。随着国家对污染物排放量要求，淀粉用量增大，淀粉浆膜硬而脆，浆纱耐磨性差，织造效率低。水是很好的增塑剂，织造时采用高温高湿，浆纱就可以吸收水分，使浆膜和浆纱的韧性提高。为了在低湿度下织造，淀粉结构中需要有吸湿性和保湿性基团。根据环氧化合物开环反应原理，在淀粉的C2、C3和C6位羟基中引入亲水性醚键（C—O—C）及非极性烷基链（C—C—C），淀粉获得保湿能力。项目解决了保湿淀粉浆料制备中的关键问题。生产出的浆料在65%~70%相对湿度下韧性显著提高，浆纱可以在相对湿度为65%左右时顺利织造。

针对织造中高排放的问题，研究了适于低上浆率织造的高性能淀粉浆料的制备方法。上浆率高的原因包括：少用PVA时，淀粉浆料性能不足，通过提高上浆率满足织造；浆料配伍原则不正确，浆纱时采用"取长补短"的方法，浆料组分过多。纺织浆料为热力学相不相容材料，多组分导致浆膜致密性降低，浆纱性能不足。针对湿法变性淀粉污染大的问题，研发了微水聚合高性能淀粉浆料制备技术。

建立了低湿度低上浆率织造浆纱技术体系。研究了在高保湿、高性能淀粉、浆料配伍原则基础上，上浆率从平均13%降低至8%、在相对湿度65%左右可高效织造的低能耗、低排放织造浆纱，退浆废水的COD值下降23.2%，百台织机空调能耗降低37.5万元/年。

研制的淀粉浆料对纯棉、涤棉纱均显示出良好的粘附性，浆纱叮在喷气、剑杆织机上织造。项目获授权发明专利4件，发表学术论文41篇。

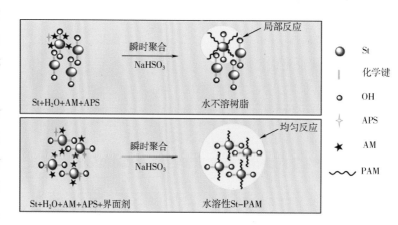

# 经编短纤纱生产关键技术研究与产业化

**主要完成单位:** 江南大学、江阴市傅博纺织有限公司、山东岱银纺织集团股份有限公司、浙江越剑智能装备股份有限公司、射阳县杰力纺织机械有限公司

**主要完成人:** 蒋高明、万爱兰、张琦、郑宝平、夏风林、丛洪莲、洪亮、谢松才、李兵、黄翠玉

该项目主要研究经编短纤纱生产关键技术,通过经编短纤纱高速生产技术、清洁生产技术、智能生产技术、专用整经技术和产品研发技术建立了经编短纤纱生产技术平台,项目成果已在经编短纤纱产品的开发和生产中全面应用。项目主要科技内容:

(1)经编短纤纱高速生产技术:设计短纤纱经编机预弯纱成圈机件运动曲线,建立短纤纱张力波动模型,开发无传感器自适应式短纤纱张力动态补偿系统。(2)经编短纤纱清洁生产技术:研究短纤纱飞花形成规律,建立成圈区域的空气流场模型,开发高速经编机的短纤纱飞花清除装置,实现经编短纤纱的清洁生产。(3)经编短纤纱智能生产技术:研究基于机器视觉的经编织物疵点快速检测方法,开发短纤纱经编疵点在线检测系统,并与经编生产管理系统集成。(4)经编短纤纱专用整经技术:研究短纤纱筒子架飞花清除技术和前处理技术,开发短纤纱经编整经机,设计筒子架吸风装置和分层上浆装置,使短纤纱表面毛羽贴服,提高短纤纱强力。(5)高档经编短纤产品研发技术:研究经编用短纤纱定制纺纱技术、面料开发技术和后整理技术,开发短纤纱经编衬衫、牛仔、裤子等系列面料。

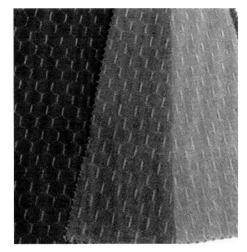

该项目共获相关中国发明专利授权14件、实用新型专利1件,发表学术论文15篇。短纤纱智能型高速经编机实现了柔性成圈/无传感器自适应张力杆/电子横移/多速送经/牵拉卷取/在线疵点检测的一体化控制,正常生产速度达到1800横列/min;预计每年可以形成7200万元的销售;经济效益显著。项目研究成果提高了我国经编短纤纱生产技术水平,推动了经编行业的科技进步与产业升级,为经编行业技术创新能力达到国际先进水平奠定了坚实基础。

# 节能减排制丝新技术及产业化应用

**主要完成单位：**浙江理工大学、杭州纺织机械集团有限公司、杭州飞宇纺织机械有限公司、广西靖西鑫晟茧丝绸科技有限公司、湖州市质量技术监督检测研究院

**主要完成人：**傅雅琴、江文斌、叶文、汪小东、王瑞、陈庆华、谢乃钧、罗海林、钱建华、叶飞、董余兵

丝绸生产在我国具有悠久的历史，缫丝生产是组成丝绸生产的重要环节。目前，国际上其他国家缫丝技术的进步，主要依赖于中国。世界上使用的自动缫丝的85%以上来源于中国，其中，项目完成单位占80%以上。但与其他行业相比，缫丝技术与缫丝装备存在能耗利用率、自动化程度不够高、效率低等问题，严重影响着缫丝业的发展。为此，项目围绕缫丝生产中的节能减排和提高效率等问题开展了系统研究，主要技术内容如下：

（1）明确了节能减排缫丝工艺对生丝质量和蚕茧消耗的影响规律，为节能减排缫丝技术的开发建立了理论基础。研究发现，中波红外发射器更有利于丝片的干燥、缫丝过程中循环水的使用，可以加快蚕蛹分离，减少蚕茧的消耗，降低水用量和废水的排放。（2）创立了制丝干燥新技术和相应的配套系统，破解了制丝工艺中能耗利用率低的难题。根据蚕丝纤维特点，以波长2~5μm中波红外加热管为热源，采用传动和加热联动的方法，实现在缫丝机和复摇机中整组和单台窗加热自由调控。采用PID控制，自动调节各红外加热管的工作状态和时间分配；采用智能算法，智能控制车厢的相对湿度和温度在设定范围；当温度在安全范围内时，以车厢相对湿度调控加热装置，湿度在安全范围时，以车厢温度调节加热装置。（3）研制了节能减排型缫丝机，减少了茧量消耗，降低了缫丝用水，减少了缫丝废水排放和耗电量，解决了工人眼睛老化而影响制作的难题。实现缫丝机内水循环利用，提高水利用率，减少了废水排放量；利用循环水自动回收漏茧，开发了茧量自动平衡系统，减少原料茧消耗；研发了自动张力调节装置，改变电机的分配模式，降低了每组缫丝机运行时的耗电量；创立了微扎组合、导入式集绪和湿态生丝机械揉搓技术，实现了免穿缫丝并推广应用。

# 高品质喷墨印花面料关键技术及产业化

**主要完成单位**：青岛大学、愉悦家纺有限公司、杭州宏华数码科技股份有限公司、万事利集团有限公司、上海安诺其集团股份有限公司、鲁丰织染有限公司、山东黄河三角洲纺织科技研究院有限公司、天津工业大学

**主要完成人**：房宽峻、王玉平、林虹、林旭、张战旗、杜红波、孙付运、刘秀明、林凯、陈为超、齐元章、陈凯玲、谢汝义、刘尊东、银倩琳

印染是纺织产业链中提升品质、功能和附加值的关键环节，其重要性日益凸显。喷墨印花作为生产高品质、低消耗高档印染面料的重大共性关键技术，被列入"十三五"国家重点研发计划，从国家层面对喷墨印花基础问题、关键技术研发和应用示范进行整体部署和攻关。通过完成单位的产学研协同创新，项目突破了高品质喷墨印花面料生产关键技术，实现了产业化应用。主要技术内容：

（1）活性染料喷墨印花成像质量调控技术。研究墨滴成形、铺展及演变成图像的过程，探明了墨滴"线段簇"成像机制，揭示出分子疏水部位影响墨滴形态和铺展，建立了喷墨图像质量调控方法。（2）高品质专用化学品制备技术。研究墨水各组分的分子弱相互作用，开发墨水精密配制和过滤技术，稳定性提高56%；研究织物特性参数与喷墨图像颜色的关系，探究表面活性剂和水性聚合物对图像的协调增效作用，线条精细度提高23%。（3）喷墨/圆网复合高速印花装备。研究四色并列单梁悬挂喷头高速喷墨单元、喷墨和圆网单元的"零点"归位同步控制、超大流量数据实时并行处理与控制系统，研制出全球首条12色喷墨/10色圆网复合高速印花生产线，实现了稳定运行。（4）高品质喷墨印花工艺技术。研究墨滴在纤维素和蛋白质织物上的铺展调控技术，探究织物局部表面处理、图像色域扩展和高渗透性喷墨印花工艺，开发出棉、麻、莱赛尔和羊毛等高品质印花面料，颜色均匀性提高67%，成本降低20%。

项目授权发明专利20件、实用新型专利24件，发表论文30篇。项目已建成高品质喷墨印花生产线5条，项目的实施，提升了印染面料品质和档次，增强了印染行业核心竞争力，对促进纺织印染行业绿色高质量发展具有重要推动和示范作用。

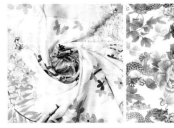

# 纳米颜料制备及原液着色湿法纺丝关键技术

**主要完成单位：**苏州世名科技股份有限公司、江南大学、中国石化上海石油化工股份有限公司、河北吉藁化纤有限责任公司、唐山三友集团兴达化纤有限公司、常熟世名化工科技有限公司

**主要完成人：**吕仕铭、李敏、付少海、杜长森、杨雪红、李振峰、么志高、梁栋、冯淑芹、张焕志、陈冲、宋文强、卢圣国、徐利伟、胡艺民

染色是造成印染行业"三高"的主要因素之一。原液着色技术省却了纤维染色环节，是解决纤维印染"三高"问题的有效途径。然而，由于颜料颗粒大、粒度分布不匀和在纺丝液中存在絮凝和返粗等现象，造成着色纤维依然存在颜色灰暗、力学性能下降明显、牢度差和纤维表面粗糙等问题，严重制约了该技术在纺织品着色中的推广。

针对上述问题，该成果设计并开发湿法纺丝纤维原液着色纳米颜料，攻克了其在黏胶、腈纶纤维原液着色应用中的关键技术，实现了该产品的规模化生产和广泛应用。主要发明和创新包括：

（1）设计了不同链结构苯乙烯—马来酸酐共聚物，发明了基于巯基链转移超支化苯乙烯—马来酸酐共聚物制备的新方法。（2）开发了在强酸碱体系中具有高稳定度的纳米颜料，阐明了其在黏胶纤维原液着色应用中的关键技术。（3）开发了强电解质溶液中具有高稳定度的纳米颜料，攻克了其在 NaSCN 法腈纶原液着色中的关键问题。阐明了改性苯乙烯—马来酸酐共聚物结构与其制备纳米颜料在 NaSCN 法腈纶纤维纺丝液中的相容性、可纺性和着色纤维性能的关系，解决了纳米颜料在强电解质腈纶纺丝液中的絮凝问题。（4）创新设计建造了国内首条全自动纳米颜料生产线，开发色浆快速配色软件，建造了年产万吨纤维原液着色用纳米颜料色浆的生产线。（5）针对有色纤维原液纺丝要求，改进了原液纺丝工艺和设备，实现了原液着色腈纶及黏胶纤维的规模化稳定生产。

该成果已获国家发明专利11件，发表论义13篇。该成果对促进我国纺织印染技术达到世界领先水平，推进行业节能减排和产业高质量发展具有重要意义。

# 120 头高效率超细氨纶纤维产业化
# 成套技术及应用

**主要完成单位**：郑州中远氨纶工程技术有限公司、新乡化纤股份有限公司、中原工学院

**主 要 完 成 人**：桑向东、邵长金、孙湘东、魏朋、宋德顺、张一风、崔跃伟、姚永鑫、季玉栋、孟凡祎、袁祖涛、贾舰、张运启、张建波、章伟

中国是氨纶大国，以常规产品为主，而国内外市场不断向轻薄、功能化发展，加大了氨纶的超细、差异化需求。为此项目组针对生产超细氨纶纺丝效率低、质量波动大的瓶颈，开发了超细氨纶均一化聚合、120 头高效率纺丝、40 丝饼高速双卷绕、过程智能控制集成等成套关键技术，并研制了首台套高效率超细氨纶智能生产线，在超细氨纶生产的均匀性、高效率以及质量稳定方面取得重大突破。实现了 $2 \times 10^4$t 超细氨纶高效生产，连续稳定运转 3 年，同规模减少50% 用工；综合能耗 900kgce（常规 >1600），同比减少 75% 以上；国内细旦市场占有率达 30%，纤维产品及装备取得 29.55 亿销售产值。

该项目获授权专利 36 件，其中国际（欧洲、日本、韩国、土耳其、印度）发明专利 6 件，实用新型专利 5 件；国家发明专利 16 件，实用新型专利 9 件；发布企标《氨纶长丝》（Q/XXHXJ40—2020），参编国标《取水定额 第 44 部分：氨纶产品》（GB/T 18916.44—2019），行标《氨纶长丝 横截面积试验方法》（FZ/T 50045—2019）和《酸性染料易染氨纶长丝》（FZ/T 54123—2020），获得 4 件软件著作权。

主要技术指标：聚合物分子量 $M_w$>12 万，聚合物分数性指数（PDI）<3.4（常规 $M_w$<10 万，PDI>3.6；）提高均一性；超细氨纶纺丝技术为整体式组件单甬道 120 头（现有为分体式最高 64头），产能提高 2 倍；双卷绕 40饼技术，卷绕速度 1200m/min，分别比常规提高 100%、50%；产品纤度 0.78~1.67tex，一等品率 97% 以上，性能指标均符合标准规定。项目技术创新性强，打破氨纶先进技术的国际垄断，填补了国内空白，产业化应用前景广阔。对于纺织行业技术进步具有明显的推动作用。

# 高品质熔体直纺 PBT 聚酯纤维成套技术开发

**主要完成单位**：东华大学、无锡市兴盛新材料科技有限公司

**主要完成人**：俞新乐、王华平、吉鹏、俞盛、王朝生、李建民、薛月霞、乌婧、吴固越、陈向玲、伊贺阳、陈烨、陆美娇、梅勇、伍国庆

聚对苯二甲酸丁二醇酯（PBT）纤维是近年来开发出的新型聚酯纤维品种，具有手感柔软、耐磨性和纤维卷曲性好，拉伸弹性和压缩弹性优异等特点。尽管 PBT 纤维拥有诸多优异性能，但是目前只能采用切片纺工艺制备 PBT 纤维，无法经由 PBT 熔体直接纺丝，导致成形能耗、物耗较大，在很大程度上限制了 PBT 在纤维领域的应用优势。项目以提升 PBT 纤维生产效率与品质目标，针对 PBT 温度敏感性强、熔体输送过程中黏度下降显著、加工窗口窄、成形适应性弱等系列问题，构建了 PBT 熔体直纺成套装置及工艺。

（1）研制钛—锡复配型耐水解催化剂，开发高效均质酯化、双圆盘增黏等技术与装备，PBT 酯化率由 98% 提升至 99.5% 以上，解决了不同负荷下酯化与聚合的稳定性控制难题，实现了万吨级 PBT 连续稳定聚合。（2）通过试验与逆向拟合的方法获得 PBT 熔体物性参数，建立了 PBT 熔体输送模型，系统分析出熔体在输送过程温度、压强、黏度等变化规律，开发了低黏度降熔体输送创新工艺，满足连续稳定纺丝要求。熔体直纺工序综合能耗 31.58kgce/t，相对切片纺工艺综合能耗下降了 45.2%。（3）开发高压纺丝、低温冷却、超喂卷绕技术，有效解决 PBT 长丝稳定加工与品质控制难题，相比较切片纺丝工艺，POY 纤维条干不匀率由 1.2% 下降到 0.7%，纤维品质显著提升；研制了 PBT 熔体直纺在线添加技术，开发了有色、消光、抗紫外等 PBT 改性纤维系列产品。熔体直纺 POY 长丝、DTY 加弹丝性能指标分别达到 FZ/T 54057—2012、FZ/T 54040—2011 的要求，为优等品。

项目已获授权发明专利 5 件，实用新型专利 1 件，发表学术论文 4 篇。项目通过工艺、装备集成创新，已形成了年产万吨级 PBT 熔体直纺生产线，产品质量优良，条干不匀率明显下降，节能降耗效果突出，经济和社会效益显著。

# 长效环保阻燃聚酯纤维及制品关键技术

**主要完成单位：**北京服装学院、江苏国望高科纤维有限公司、上海德福伦化纤有限公司、四川东材科技集团股份有限公司、德州常兴化工新材料研制有限公司、浙江海利得新材料股份有限公司、江苏中鲈科技发展股份有限公司

**主要完成人：**王锐、梁倩倩、朱志国、冯忠耀、边树昌、柴志林、葛骏敏、董振峰、张秀芹、陆育明、江涌、毕新春、王建华、郝应超、朱文祥

聚酯纤维是我国产量最大、品种最多的纺织纤维。然而由于其可燃，具有严重的火灾隐患。长期以来世界各国对聚酯纤维的阻燃进行了大量研发工作，但仍面临阻燃耐久性差、发烟量大、熔滴严重及环保等方面的世界难题。项目建立了阻燃剂—阻燃聚酯—阻燃聚酯纤维全产业链核心技术、关键装备和工程化协同开发体系，突破了长效阻燃、抗熔滴、抑烟聚酯纤维关键技术瓶颈，实现了从阻燃剂源头到高品质阻燃聚酯纤维的国产化。

（1）开发出高反应活性富磷小分子阻燃剂和具有良好相容性的聚酯用耐热大分子阻燃剂产业化关键技术。（2）创建磷、氮、氟及金属离子等不同组合的多元素复合阻燃体系，自主研发锗—铝催化剂体系，开发多级反应、低温聚合技术，突破耐热、抗熔滴、抑烟阻燃聚酯产业化核心技术，实现了磷含量高达42000mg/kg、熔点＞255℃、垂直燃烧达UL94V—0级、极限氧指数高达40%（提高30%以上）、烟释放量减少30%的耐热、抗熔滴、抑烟阻燃聚酯的高效制备。（3）创新设计短流程低温熔体输送、过滤器快速切换系统和专用纺丝组件，纤维满卷率达98%，其织物水洗后阻燃性能无降低，实现长效阻燃。（4）研发高磷、高特性黏度阻燃聚酯渐变窄温度梯度熔融、多级拉伸和高温热定型技术，成功制得强度高达7.8cN/dtex的阻燃聚酯工业丝。（5）发明了原液着色阻燃拒水聚酯短纤维关键技术，创建拒水＋阻燃＋抗静电＋交联四效合一的专用功能剂体系，开发双定型、二道上油在线反应工艺，成功制得有色阻燃拒水聚酯短纤维。

项目授权专利11件，行业标准1项，企业标准8项。建成投产阻燃剂生产线2条、阻燃聚酯切片生产线3条、阻燃聚酯纤维生产线5条，产品已出口欧、美、日、韩等国家，经济社会效益显著。

# 聚酯复合弹性纤维产业化关键技术与装备开发

**主要完成单位：**江苏鑫博高分子材料有限公司、四川大学、北京中丽制机工程技术有限公司、扬州惠通化工科技股份有限公司

**主要完成人：**兰建武、沈鑫、沈玮、程旻、全文奇、林绍建、史科军、张源、阎斌、任玉国、张建纲、任二辉、姜胜民、周晓辉、金剑

弹性纤维因其良好的性能大量应用于织袜、内衣、运动服等领域，并逐渐向汽车内饰、医用等新兴领域拓展。目前，市场上的弹性纤维主要以氨纶、PTT/PET复合弹性纤维（简称T400）为主。但由于其一些性能上的缺陷及生产技术的局限，存在生产效率低、染色性能差、工艺路线复杂、成本高等问题，影响了行业进一步的发展。

该项目针对产业发展技术瓶颈，立足自主创新，在攻克新型聚酯弹性体关键合成技术，新一代聚酯复合弹性纤维高效一步法熔融纺丝关键技术基础上，实现了新一代聚酯复合弹性纤维规模化生产，形成多项原创性成果。

（1）进行共聚酯分子结构设计，合成了大分子主链上含有高柔性聚醚组分的新型聚酯弹性体（GBT），解决耐热性差、成本高、可纺性差问题。（2）创新研制上大下小非等径预缩聚釜和双圆盘非等速聚合反应釜装置，克服终聚物黏度低的问题，使制备的GBT特性黏度达到1.30dl/g，远高于常规PBT特性黏度0.8~1.0 dl/g水平。（3）创新开发两厢式复合纺丝箱体、四通道分纤复合纺丝组件、环吹风丝束冷却、组合上油、三辊两级牵伸定型、精密卷绕成型的聚酯弹性体GBT/PET复合高效一步法熔融纺丝成套装备及关键技术，实现了新一代聚酯复合弹性纤维高效稳定产业化生产。（4）开发新一代聚酯复合弹性纤维织物"先弹后染"应用技术，赋予新一代聚酯复合弹性纤维织物手感柔软、弹性好、吸湿排汗、耐摩擦、抗起毛起球等特点。

项目申请专利46件，其中发明专利11件，获授权发明专利3件，授权实用新型专利28件，编制企业标准3项。工业化生产的新一代聚酯复合弹性纤维断裂强度2.48cN/dtex；卷曲度≥65%；卷曲弹性率97%。该项目技术成果对行业技术进步和产业升级具有重要的推动作用。

# 百吨级超高强度碳纤维工程化关键技术

**主要完成单位：** 中复神鹰碳纤维有限责任公司、东华大学、江苏鹰游纺机有限公司

**主要完成人：** 张国良、刘芳、陈秋飞、陈惠芳、连峰、郭鹏宗、金亮、张斯纬、席玉松、李韦、夏新强、刘栋、李智尧、王磊、杨平

碳纤维是武器装备和战略新兴产业必须的关键战略物资，是国外长期实施技术封锁和产品垄断的重点新材料，在国防军工和国民经济中具有十分重要的地位。目前国内已突破千吨T700、T800级高性能碳纤维制备技术，但干喷湿纺T1000G级超高性能碳纤维工程化技术仍处于空白。项目立足自主创新，攻克了干喷湿纺超高强度碳纤维关键核心技术，构建了超高强度碳纤维工程化技术体系，率先在国内建成了百吨级超高强度T1000G级碳纤维生产线。

项目以缺陷控制为核心，在"聚合—纺丝—碳化"全流程展开关键技术和工程化技术研究，进一步减少纤维缺陷，提升碳纤维性能。创新开发了原液制备技术，实现了超高强度碳纤维用高分子量、高特性黏度、高均一性的聚合原液稳定连续生产；攻克了超高强度碳纤维原丝干喷湿纺关键技术，实现了T1000G级超高强度碳纤维原丝的稳定制备；突破了预氧化和碳化纤维结构精细控制技术，实现了碳纤维拉伸强度 $\geq$ 6400MPa，拉伸模量 $\geq$ 294GPa，断裂延伸率 $\geq$ 2.19%，体密度（1.79 $\pm$ 0.02）g/cm$^3$，线密度（450 $\pm$ 12）g/km。该项目获授权专利15件，其中发明专利9件、实用新型专利6件。

项目填补了国内干喷湿纺T1000G级超高性能碳纤维工程化技术空白，实现了T1000G级碳纤维的百吨级产业化发展，为重点装备材料的国产化提供了基础，有力地保障了国防军工重点型号的研制。项目的实施，进一步缩短了我国高性能碳纤维与国外的差距，提高了我国高性能碳纤维的自主可控能力，一定程度上解决了武器装备用高性能碳纤维"卡脖子"问题，满足了国防军工重点型号对碳纤维国产化的迫切需求。同时，T1000G级超高性能碳纤维工程化的突破，满足了国内下游碳纤维先进复合材料产业高端化发展的需求。

# 静电气喷纺驻极超细纤维规模化制备技术及应用

**主要完成单位：**东华大学、上海士诺健康科技股份有限公司、奥美医疗用品股份有限公司、武汉大学、深圳市安保医疗感控科技有限公司、嘉兴富瑞邦新材料科技有限公司、济南卓高建材有限公司、上海银田机电工程有限公司、烟台宝源净化有限公司、绍兴桂名纺织品整理有限公司

**主要完成人：**丁彬、斯阳、赵兴雷、王学利、印霞、邓红兵、张剑敏、崔金海、贾红伟、蒋攀、王先锋、张宏强、李鑫华、于自强、金勇

　　驻极纤维是一种带有静电荷的新兴纤维，其制品相较于传统纤维无纺布在物理拦截功能的基础上增加了静电吸附作用，大幅提升了对微细颗粒物的过滤能力，被广泛应用于防护口罩、工业滤纸等空气过滤产品，是一种保障国民卫生健康、支撑国家工业发展的重要材料。然而，驻极纤维材料仍存在驻极易失效，失效后材料物理过滤效率低的问题，极大地限制了其使用寿命。尤其是在本次新冠疫情防控中，驻极纤维材料存在服役时间短、产能供应不足的问题，给全世界各国的疫情防控带来了巨大压力。

　　为此，项目通过理论研究、工艺技术及装备的集成创新，开发出静电气喷纺驻极超细纤维材料的高效制造关键技术，形成了具有自主知识产权的静电气喷纺超细纤维材料产业化体系。主要成果如下：（1）项目开发了高低分子量双峰分布型聚合物纺丝液和溶液流变特性调控技术，大幅提升了聚合物纺丝液的固含量和稳定性。（2）发明了基于静电气喷高效成纤技术的碟式多喷孔纺丝模块，有效提升了喷孔处纺丝液的喷射速率，并集成开发了静电气喷纺成套装备，实现了超细纤维材料的连续化稳定制造。（3）研发了高分散性的极化复合型纳米羟基磷灰石驻极体，开发了驻极电荷的低温冷冻固结技术，实现了超细纤维驻极性能的长效稳定。（4）提出了基于驻极超细纤维材料的产业化应用技术，开发出防护口罩、工业滤纸等一系列高效空气过滤产品。

　　该项目获得授权专利26件，发表论文25篇。项目的科技创新成果推动了驻极超细纤维的规模化生产及应用，对促进我国纤维和纺织材料行业的技术进步与产业结构升级起到了重要作用。

# 高效低阻 PTFE 复合纤维膜防护材料制备关键技术及产业化

**主要完成单位：**浙江理工大学、湖州禾海材料科技有限公司、浙江格尔泰斯环保特材科技股份有限公司、杭州诚品实业有限公司、广东宝泓新材料股份有限公司、杭州盈天科学仪器有限公司

**主 要 完 成 人：**于斌、孙辉、刘国金、朱斐超、李祥龙、李杰、郭玉海、王峰、朱海霖、孙利忠、姜学梁、胡晓环、黄煦钧、聂发文、余媛

近年来国内外疫情频发，SARS、COVID—19 等给人类生命安全带来严重威胁，高效低阻、安全防护的过滤材料成为保障健康的最后防线。传统过滤防护一般采用熔喷材料，其过滤效率来自静电吸附，在使用和贮存过程中易衰减而降低防护效果。研发性能稳定、低阻高效的过滤材料是当务之急。

项目突破传统聚四氟乙烯（PTFE）微孔薄膜阻力高的局限，创新性发明 PTFE 微纳纤维膜为阻隔表层，通过复合技术开发出稳定的高效低阻 PTFE 复合纤维膜，广泛用作各类口罩防护材料。该项目获授权发明专利 4 件。主要技术内容如下：

（1）高效低阻 PTFE 微纳纤维膜制备技术：研究了 PTFE 分散树脂的成纤机理，发明了具备高剪切特征的异型截面挤出口模，建立了无节点纤维型 PTFE 微孔膜的制备方法；研究了树脂分子量、助剂表面张力对 PTFE 原纤的影响规律，结合纤维型微孔膜过滤机制，采用共混技术开发出粗细纤维混杂、无节点的 PTFE 微纳纤维膜生产技术，突破了传统 PTFE 微孔膜阻力高的瓶颈，实现了高效低阻。（2）核壳型黏合剂的制备与微液滴雾化喷淋技术：设计并开发出核壳型黏合剂，发明了微液滴按需喷淋技术，在增强 PTFE 微纳纤维膜的同时，实现膜与支撑体的复合，保证 PTFE 复合纤维膜高效低阻特性。

（3）微纳纤维膜用系列软支撑体制备技术：开发出适用于 PTFE 微纳纤维膜基材的聚丙烯（PP）纺粘和多层湿法材料，满足不同类型口罩的要求。

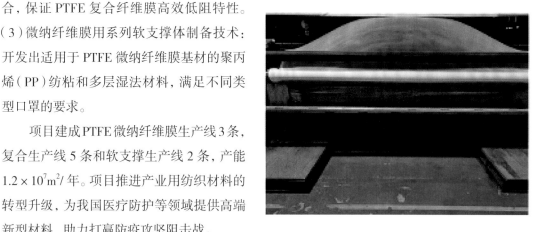

项目建成PTFE 微纳纤维膜生产线 3 条，复合生产线 5 条和软支撑生产线 2 条，产能 $1.2 \times 10^7 m^2/$ 年。项目推进产业用纺织材料的转型升级，为我国医疗防护等领域提供高端新型材料，助力打赢防疫攻坚阻击战。

# 超大口径耐高压压裂液输送管编织
# 与复合一体化关键技术

**主要完成单位:** 五行科技股份有限公司、南通大学、苏州大学

**主要完成人:** 王东晖、孙启龙、王萍、沙月华、龙啸云、季涛、高强、叶伟、秦庆戊、夏平原

我国页岩油气储量丰富,页岩油气的开采对确保能源安全具有举足轻重的作用。水力压裂是页岩油气开采的主要手段,压裂液长距离输送软管是决定压裂开采效率的最关键材料之一,现有产品普遍存在口径小、爆破压力低问题,导致输送流量小,开采效率低;且单根长度短,接头多,压裂液泄漏风险大;此外,还存在涂层结构不合理、生产流程长等问题。针对上述问题,项目进行了系列创新:

(1)发明了TPU—芳纶—EPDM内外异质结构软管;发明了共混体系外层材料,解决了挤出压力和温度过大导致TPU分解强度下降问题;构建了内外涂层高聚物对纤维的"锚定结构"与发明的芳纶增强体专用胶黏剂协同增效,解决了芳纶和EPDM难黏结的行业共性难题,剥离强度从75N/25mm提升到152N/25mm。(2)建立了纤维增强体内纤维渐进失效的损伤模型,提出了爆破强度公式,构建了增强体结构设计安全准则;突破了超大口径芳纶增强体编织中的经线张力控制、传动模式等关键技术;产品口径从300mm提升到600mm,同时爆破压力从6.21MPa提升到12.62MPa。(3)发明了编织与复合一体化连续成型成套设备,突破了编织—挤出协同机构设计、挤出压力闭环控制等关键技术,发明了增强体等离子体在线处理技术,显著活化了芳纶界面,实现了超大口径耐高压压裂液输送管一体化连续生产。产品单根长度从200m提升为无限长(考虑运输,口径800mm的产品1200m/集装箱)。

该项目获授权发明专利16件,其中PCT 2件,授权实用新型专利11件。已应用于国内10余个油气田,国内市场占有率达50%;远销美国、中东等地,国际市场占有率达40%;近三年出口创汇1.41亿美元。项目为我国页岩油气等非常规油气的上产提供了有力的技术支撑,对保障我国能源安全具有重要意义。

**陈南梁**，教授，博导，1962年10月生。现任东华大学副校长，中国针织工业协会副会长、专家委员会主任，中国产业用纺织品协会副会长。

陈南梁

长期从事科研和教学工作，潜心研究高性能纤维可编织理论，提出了高性能纤维可编织性的物理、机械参数和检测方法，并进一步建立了改善高性能纤维可编织性的方法；深入研究特种经编编织理论，提出柔性协调编织机理及多种特色经编组织结构的编制控制方法，实现了经编技术的精确控制和产品的多样化；长期研究纺织结构柔性复合材料的成型理论和系统关键技术以及应用服役行为、失效机理等，为推动纺织结构柔性复合材料领域健康发展并应用于国家重大需求做出了应有的贡献。

在创新成果转化和产业化方面，多项技术已成功用于国家重大需求中，创造了显著的经济效益和社会效益。（1）攻克了航天器用玻璃纤维网格基板材料生产关键技术，项目产品作为半刚性电池帆板关键材料成功应用于"天宫一号"、"天宫二号"、"天舟一号"及未来大型空间飞行器中；（2）突破了星载大型可展开天线金属网材料生产及产业化技术，项目产品已成功应用于我国"北斗"、"天通"、嫦娥四号"鹊桥"中继星等高性能卫星上，极大地提高了我国卫星的通讯能力，使我国成为继美国之后世界上第二个能够研制口径10米以上收发共用星载天线的国家；（3）在国内率先开展预定向经编技术研究及碳、玻产品的开发，突破了展纤、加密分纱、碳/玻混编织物结构等关键技术，已广泛应用于大型风电叶片、汽车、高铁等领域，产生了很大的经济和社会效益；（4）突破了纺织结构柔性复合材料的特种原料、高精度编织等一系列关键技术，相关产品应用于各类膜结构材料、新型雷达罩等国家重大需求中；（5）创新开发了可降解缝合线、人体内补片等生物医用纺织新材料。

曾获国家科技进步二等奖2项，省部级科技进步一等奖7项。已发表论文150余篇，专著8部，拥有发明专利25项。曾获全国优秀科技工作者、中国纺织学术大奖、改革开放40年纺织行业突出贡献人物、中国纺织新闻人物、上海市"五一"劳动奖章、上海市优秀学术带头人、上海市领军人才、上海教育十大新闻人物、第三届上海市职工科技创新优秀团队等荣誉称号。

---

**程博闻**，教授，博导，1963年1月生。现任天津科技大学副校长，中国纺织工程学会副理事长，中国纤维素行业协会技术委员会副主任，《纺织学报》编委会副主任。

程博闻

长期从事纤维材料和产业用纺织品的科研与工程化推广，建立了纺丝成网为核心技术的新型非织造材料制备体系，促进了相关理论、技术与产业的发展。自主研发了双组分熔喷法、闪蒸法、（静电）溶液喷射法纳微纤维非织造布制备技术，揭示了驻极材料过滤机理和保暖材料传质传热机制，攻克了短纤插层复合熔喷非织造材料，层间复合协同增效熔喷非织造材料和一步法熔喷微/纳交叠纤维非织造材料等一系列关键制备技术，实现了高效、低阻非织造过滤材料、兼具电与磁双驻极效应的非织造防护材料、高弹耐压复合熔喷非织造保暖材料和柔性无机纳米纤维隔热材料等产业化。军用保暖产品已装备部队，极大提升了我军的单兵机动能力；开发的熔喷布用于医用防护口罩在抗击新冠病毒疫情中发挥重要作用。

突破了产业用功能纤维一系列关键制备技术，建立了成套产业化集成技术，实现了国产产业用纤维生产技术的提升。解决了纤维用纳米功能材料制备、多相体系纺丝成形、纤维加工等系列科学与技术难题，揭示了功能组分对纤维性能的影响规律，形成了功能纤维复合纺丝设备与生产线设计、生产、产品性能评价等成套产业化集成技术，实现了复合导电纤维、抗菌纤维素纤维、碳纳米管增强碳纤维和中空纤维反渗透膜的产业化，打破国外对高端功能纤维的垄断。突破了聚苯硫纤维及其纤维织物水电解隔膜生产的关键技术，成功替代了西方限制使用的石棉纤维水电解隔膜，已成功应用某国防工程，整套民用设备大量出口到国外。

曾获国家科学技术进步二等奖3项，省部级科技进步一等奖7项、技术发明二等奖2项，获中国专利优秀奖2项，天津市专利金奖2项，中国纺织行业专利金奖1项；近5年发表SCI论文211篇，其中1区论文57篇，SCI论文他引总数1802次；授权中国发明专利85项；编写著作和教材9部。先后获全国创新争先奖、中国优秀科技工作者、全国五一劳动奖章、中国纺织学术大奖、国务院政府特贴专家和改革开放四十年纺织行业突出贡献人物等荣誉和称号。

毛志平

**毛志平，研究员，博导，**1969年6月生。现任东华大学化学化工与生物工程学院副院长、国家染整工程技术研究中心主任、国家先进印染技术创新中心主任。

为提升印染行业清洁生产水平及产品品质，自参加工作以来，聚焦量大面广的聚酯和纤维素纤维织物，展开研究工作：1.研究聚酯纤维织物的密闭焙蒸染色机理、工艺及配套液态分散染料，指导优化专用装备，实现了中厚聚酯织物少水洗/免水洗染色技术的产业化，节水成效明显；2.借助计算机模拟、共聚焦拉曼光谱等手段，研究染浴中不同染料分子的缔合作用及上染行为、湿热条件下纤维素纤维孔隙尺度动态变化规律等，明晰了染料的多分子吸附扩散染色行为，发现了控制不同染料同步上染织物的关键因素，探索水和无机盐在活性染料固色过程中的作用原理，开发了系列水溶性染料清洁染色及印花新技术，并获工程化应用；3.揭示了仿酶催化剂催化脱色漂白机理及其与有机活化剂的协效作用机制，为纺织品低温前处理发展了新方法，技术在国内外得到广泛推广。进一步发展了牛仔织物的模拟酶催化氧化水洗技术，替代高锰酸钾，克服了高锰酸钾对操作工人和环境的危害；4.研究纺织品的表面功能修饰方法，发明了化学品防护、温敏性红外隐身和导电等功能纺织材料。

相关成果获国家技术发明二等奖1项（排名6）、上海市科技进步一等奖1项（排名1）、中国纺织工业联合会科技进步一等奖2项（均排名1）、中国纺织工业联合会科技进步二等奖1项（排名2）。

主持国家重点研发、国家科技支撑、"863"和国家自然科学基金等各类项目40余项。在《纺织学报》发表论文19篇，近5年在Chem Eng J等期刊发表SCI论文100余篇。拥有有效发明专利48件，实施独家许可6件。参与制修订国家标准2项、团体和行业标准5项。

作为中国印染行业协会副会长及中国纺织工业联合会、工信部和科技部纺织印染领域专家，积极参与纺织科技规划和发展战略研究。作为主笔人，完成工信部组织的《印染行业准入条件》第一版制订工作等。参与"我国纺织产业科技创新发展战略研究（2016-2030）"、"2035我国基础材料（纺织行业）绿色制造技术路线图研究"等课题。

---

周华堂

**周华堂，教授级高工，硕士，**1964年1月生。原中国纺织工业设计院院长、中国昆仑工程公司总经理，现任中国石油咨询中心副主任（正局）、中国纺织工业联合会特邀副会长、《纺织学报》编委会副主任、中国石油学会经济专业委员会副主任。

主持完成国家发改委、科技部等支持的大型PTA工程、系列聚酯工程、工业废水处理等核心技术和装备开发，多项成果达到国际先进水平。获得国家级科技进步二等奖2项，省部级科技进步一等奖4项、二等奖1项，优秀专利金奖1项；国家级工程类金奖3项、银奖2项；省部级工程类一等奖10项。授权专利81件，其中发明专利22件，PCT国际专利17件。转让专利和专有技术建设的工程200多项，同比引进技术节省投资1000余亿。为我国化纤及其原料工业可持续发展做出了突出贡献。

一、主持大型PTA技术开发和工程建设，突破专利和核心技术壁垒，奠定了在行业技术的领先地位。首套百万吨级PTA装置被国家发改委列为"十一五"示范工程并于2009年建成投产。权威机构鉴定认为：开发新技术、新工艺、新流程达到国际先进水平，主要技术经济指标处于国际领先水平。继示范工程后相继成功建成5套，同比引进技术节省投资30%，其中第三代最新工业化技术综合能耗可降低50%。

二、主持系列聚酯技术开发和工程建设，实现大型化系列化柔性化，奠定了在全球市场的领导地位。一是开发聚对苯二甲酸乙二醇酯（PET）大型化、系列化、柔性化工程技术，单线规模最大达到60万吨。2000年至今同期市场份额国内超过85%，其中国外达到30%。二是开发聚对苯二甲酸1,3-丙二醇酯（PTT）、聚对苯二甲酸乙二醇酯1,4-环己烷二甲醇酯（PETG）、聚碳酸酯（PC）、聚乳酸（PLA）等新型聚酯技术，其中国内首套年产3万吨PTT、10万吨PETG和13万吨PC等工业生产装置相继建成投产，突破了国外专利技术垄断。

工作至今获得香港桑麻纺织科技壹等奖和特等奖、中国纺织学术带头人、中国纺织学术大奖以及"新世纪百千万人才工程"人选、全国优秀科技工作者、全国首届"杰出工程师"、有特殊贡献的中青年专家、享受政府特殊津贴专家等荣誉称号。

# 附录

## 国家科学技术奖纺织行业获奖项目统计表

| 年度 | 技术发明奖 | | 科技进步奖 | | 合计 |
|---|---|---|---|---|---|
| | 一等奖 | 二等奖 | 一等奖 | 二等奖 | |
| 2016 | 0 | 1 | 0 | 3 | 4 |
| 2017 | 0 | 1 | 1 | 1 | 3 |
| 2018 | 0 | 0 | 0 | 2 | 2 |
| 2019 | 0 | 0 | 0 | 2 | 2 |
| 2020 | 0 | 2 | 0 | 2 | 4 |

## 中国纺织工业联合会科学技术奖获奖项目统计表

| 年度 | 授奖 | 一等奖 | 二等奖 | 三等奖 | 特别贡献奖（桑麻学者） |
|---|---|---|---|---|---|
| 2016 | 114 | 12 | 46 | 56 | |
| 2017 | 88 | 12 | 36 | 40 | |
| 2018 | 113 | 16 | 45 | 52 | 2 |
| 2019 | 87 | 17 | 66 | | 4 |
| 2020 | 83 | 17 | 62 | | 4 |

光威复材
GW COMPOS

股票代码：300699

# 天道酬勤 拓展创新

● 公司简介

威海光威复合材料股份有限公司（股票代码：300699），是致力于碳纤维及复合材料研发生产的企业。

公司下辖威海拓展纤维有限公司、威海光威精密机械有限公司、威海光威能源新材料有限公司、山东光威碳纤维产业技术研究院有限公司，以高端设备设计制造技术为支撑，形成了从原丝开始的碳纤维、织物、树脂、预浸料、复合材料制品、复材生产装备制造及工装的完整产业链布局，是目前国内碳纤维行业生产品种齐全、生产技术先进、产业链完整的企业之一，产品已广泛应用于航空航天、兵器装备、电子通讯、轨道交通、新能源、体育休闲等领域。

地址：山东省威海市高技区天津路130号
电话：0631-5628340 / 5628341
网址：www.gwcfc.com

## 山东如意科技集团有限公司

SHANDONG JINING RUYI WOOLEN SHANDONG RUYI WOOLEN TEXTILE CO.,LTD GARMENT GROUP CO., LTD

# 企业简介

　　山东如意科技集团始建于1972年，是全球知名的科技时尚、创新型纺织服装产业集团，旗下产业涵盖毛纺、棉纺两条从纤维加工到终端品牌服装完整产业链，在全球10多个国家拥有全资和控股子公司，运营多个国际知名纺织服装品牌，位列全球100大服装及奢侈品品牌公司16位。

　　如意是国家技术创新示范企业、首批服务型制造示范企业、山东省首批创新百强试点企业。拥有国家纺纱工程技术研究中心、国家级企业技术中心、国家级工业设计中心、博士后工作站、山东省纺纱重点实验室，与英国皇家艺术学院、清华大学、东华大学等在技术研发、成果转化、人才培养等方面有广泛合作，先后承担了国家科技支撑计划6项、省重大专项5项，获5项国家科技进步奖（一等奖1个，二等奖1个，三等奖3个），20余项省部级科技进步奖（一等奖4个，二等奖7个，三等奖9个），拥有各类专利389项，参与制定的国家、行业标准34项。

　　近年来公司以科技化、高端化、品牌化、国际化为支撑，以"互联网+智能制造+个性化服务"为战略，开启了向国际一流时尚产业集团迈进的新篇章。

 +86 0537-7973836　　 RYJSZX@CHINARUYI.COM

 中国 山东省 济宁市高新区如意工业园　　 WWW.CHINARUYI.COM

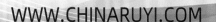

# 企业介绍
## Company profile

　　新凤鸣集团股份有限公司，成立于2000年，是一家集PTA、聚酯、纺丝、加弹、进出口贸易一体化的大型化学纤维企业，总部坐落在浙江省桐乡市洲泉工业园区。公司于2017年4月成功登陆资本市场（新凤鸣603225）。目前拥有桐乡中益、湖州中石科技等二十多家子公司，占地4000多亩，拥有总资产超300亿元。

### 公司实力/Strength

新凤鸣集团专注化纤，专业生产，拥有当今世界先进的聚酯装置、纺丝和加弹设备。目前，公司拥有500万吨PTA和600万吨长丝年产能，规模均稳居行业前三。是中国企业500强之一，并连续多年跻身"中国民企500强"、"中国制造业500强"之列。

### 公司产品/Products

坚持"自主创新为核心、引进消化为补充、产学研相结合为促进"的技术创新路线，主营业务为涤纶长丝和短纤研发、生产和销售，产品覆盖POY、FDY、DTY、HOY、ITY等多个系列品种，1000余个规格品种及多种中高档差别化聚酯长丝。

### 产学研/lur

拥有国家企业技术中心、全国示范院士专家工作站、浙江省重点企业研究院等科研平台，并积极与各大知名院校和科研机构合作；建立省级博士后工作站，强化产学研合作、加快转型升级步伐。

为人诚信 ＞ 与人和谐 ＞ 重人爱才 ＞ 知人善用 ＞ 创新优质

# COMPANY PROFILE
# 企业概况

## 公司简介 Company profile

    中复神鹰碳纤维股份有限公司 ( 以下简称中复神鹰 ) 成立于 2006 年，注册资本 61498.8413 万元，目前累计投资 20 亿元，隶属于国务院国资委管理的世界 500 强企业——中国建材集团有限公司。

    中复神鹰是集碳纤维及其原丝研发、生产、销售、碳纤维复合材料制品研发为一体的国家高新技术企业，已经系统掌握 SYT49S(T700 级 )、SYT55S(T800 级 ) 千吨级技术和 SYM30(M30 级 )、SYM35(M35 级 ) 百吨级技术以及 SYT65(T1000 级 ) 的中试技术，在国内率先实现了干喷湿纺的关键技术突破和核心装备自主化，建成了国内首条千吨级干喷湿纺碳纤维产业化生产线。2018 年 1 月，《干喷湿纺干吨级高强 / 百吨级中模碳纤维产业化关键技术及应用项目》 荣获 2017 年度国家科学技术进步一等奖。目前，国产 T700、T800、M30 级碳纤维已实现批量市场供应，在国产碳纤维市场的占有率保持在 50% 以上，打破了国外高性能碳纤维垄断的市场格局，促进国内碳纤维复合材料产业的发展。

    公司始终坚持"创新、融合、奋进、责任"的发展理念，勇于承担国家责任，积极参与国际竞争，致力于打造具有全球竞争力的世界一流碳纤维企业。

国家科学技术进步一等奖
The 1st prize of the National Award for Science and Technology Progress

# 山东中康国创先进印染技术研究院有限公司

山东中康国创先进印染技术研究院有限公司是国家先进印染技术创新中心建设依托单位，成立于2019年8月，注册资本壹亿元，现有山东康平纳集团、东华大学、青岛大学、青岛即发集团、三技精密技术、上海安诺其、广东德美、江苏红旗、泰山投资公司、传化智联、杭州宏华、杭州开源、鲁泰纺织等16家股东单位，股东所在区域分别分布于山东、上海、北京、广东、江苏、浙江等地。

国家先进印染技术创新中心于2020年6月由工信部批复，聚集了包括俞建勇院士、陈纯院士、单忠德院士、彭孝军院士4支院士专家团队、长江学者、杰出青年基金获得者等在内，专职、双聘人员组成的创新团队，围绕打造国际一流的先进印染技术创新策源地"一个"目标，聚焦高品质印染产品设计开发、数字化智能化印染装备及制造系统、节能减排印染新技术、纺织绿色生态标准"四大"重点研发攻关方向，开展前沿和行业关键共性技术研究及产业孵化，解决行业"卡脖子"技术难题，以先进印染技术的自立自强为行业转型升级和高质量发展提供战略支撑。

江苏阳光集团是一个以生产经营精纺面料和高档服装为主的国家大型一级企业。公司拥有18万纱锭，形成年产3500万米精纺呢绒、650万米粗纺呢绒、350万套服装的生产能力，产品远销日本、欧美、澳大利亚等二十多个国家和地区。公司拥有员工近15000名，其中各类专业技术人员2500余名。近三年来，公司获得国家市场监督管理总局"中国质量奖"荣誉称号，是江苏省和纺织行业唯一获中国质量奖的企业；获国家工业和信息化部"绿色工厂"、"工业产品绿色设计示范企业"、"绿色设计产品"称号。

2020年，阳光集团总资产220亿元，实现销售收入396亿元，外贸出口4.7亿美元，实现利税35.5亿元。中国品牌价值评估品牌强度为906，品牌价值为250.22亿元，居纺织行业第一位。

阳光集团坚持以产品和技术创新为主导，建立了以国家级博士后科研工作站、国家级企业技术中心、国家毛纺新材料工程技术研究中心、江苏省工业设计中心为主要支撑的"一站三中心"技术创新体系。共承担54项国家科研项目的攻关，累计申报各类专利2118件，获授权专利1068件，主持、参与制修订7项国际标准、51项国家和行业标准。

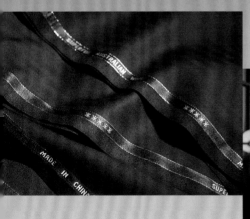

地址：江苏省江阴市新桥镇阳光工业园
邮编：214426
电话：0510-86121888
传真：0510-86121188
http://www.china-sunshine.com

# 苏州九一高科无纺设备有限公司
## SUZHOU T.U.E HI-TECH NONWOWEN MACHINERY CO.,LTD

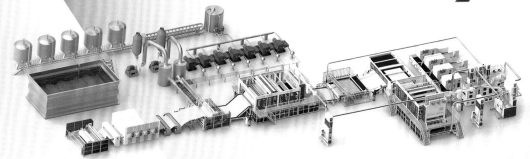

苏州九一高科无纺设备-水刺生产线效果展示图

**属于您的无纺设备全套解决方案！**

苏州九一高科无纺设备有限公司是一家无纺设备的专业生产加工公司，拥有专业的针刺，水刺，热风无纺布以及无胶棉等生产线独立生产制造能力，产品服务于医用卫材、过滤材料、建筑材料、汽车、礼品工艺品、服装服饰、鞋业、纺织皮革等相关行业，依托于先进的生产力与高效的执行力，不断发展的我们致力于提供无纺设备全套解决方案，客户面向全球。

**九一高科全体员工的专业，专注与热情，为无纺设备的开发，生产和服务，带来无限的可能！**

苏州九一高科无纺设备-热风棉生产线效果展示图

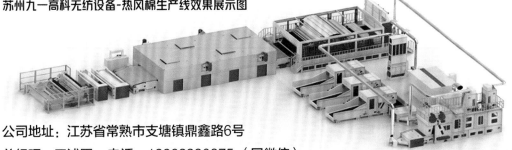

名片二维码

官网二维码

公司地址：江苏省常熟市支塘镇鼎鑫路6号

总经理：王浦国　电话：13962380875（同微信）

销售部：庄强　　电话：18852969596（同微信）

更多详情请登录官网：WWW.TUE91.COM/CN 或者直接扫描右侧二维码，欢迎您的垂询！

# 宏大研究院有限公司
## Hongda Research Institute CO.,LTD.

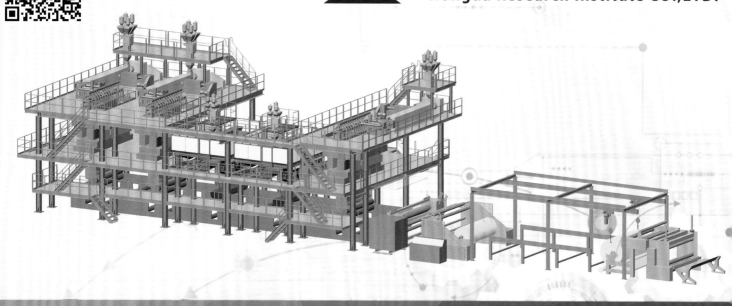

## 专注纺粘、熔喷
## 非织造成套装备及
## 交钥匙工程20年

博士后工作站

高新技术企业

CE
CE认证

ISO 9001
International Organization for Standardization
ISO9001认证

宏大研究院有限公司成立于2001年，是中国机械工业集团有限公司下属企业。专注于纺粘、熔喷非织造成套装备和工艺技术的研发，具备设计开发各类新型非织造布成套装备的能力，可向用户提供非织造布成套装备交钥匙工程。

宏大充分发挥技术优势、品牌优势、质量优势，大力拓展国内外市场：产品遍布广东、福建、江苏、浙江、安徽、山东等主要非织造产业集群区；已出口到美国、俄罗斯、波兰、白俄罗斯、土耳其、南非、阿根廷、韩国、印度、沙特阿拉伯、印度尼西亚、埃及等国家。

国家科学技术进步二等奖　　国家及行业标准起草单位
中国纺织机械协会非织造布机械分会会长单位
2019、2020全国卫生和母婴用品行业装备示范企业

地址 Add：北京经济技术开发区永昌南路19号
邮编 Zip：100176
电话 Tel：(86)10-67856551，67856993，
　　　　　　67856623，67856530
传真 Fax：(86)10-67856831，67856906

北自科技
—— 交付美好 ——

北自所
旗下品牌

自动仓储系统

自动仓储系统

自动落丝系统－地面

自动落丝系统－空中

DTY 自动包装系统

成检包

FDY/POY 自动包装系统

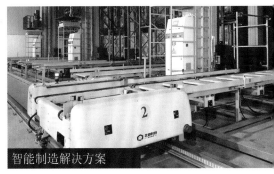

智能制造解决方案

　　北自所（北京）科技发展有限公司（简称北自科技）研制的化纤长丝卷装作业智能化生产成套技术装备与系统，实现了化纤卷装作业过程中从卷绕机自动落丝、自动转运暂存、线上检验、存储输送、分类包装、码垛到成品存储、出库发货的全流程数字化高效精确作业；实现了对不同品种、批号、等级的丝饼进行智能分拣和信息的传递、跟踪；实现了整个生产过程的自动化、信息化、智能化。采用了可定制化的模块化设计，方便系统方案的快速射击、实施。

　　该项目开创了涤纶长丝生产智能化模式，减轻了工人劳动强度、改善了工人劳动环境，起到了提升企业形象、提高管理水平、降低生产成本、提高产品质量、增强核心竞争力的作用，树立了化纤智能制造的标杆。形成的自主知识产权技术与产品，支撑了我国涤纶长丝生产技术的发展，已在行业34家规模企业得到推广应用，促进了产业升级，进一步提升了我国化纤行业的国际竞争力，具有显著的社会效益。

**北自所（北京）科技发展有限公司**

地址：北京市西城区德胜门外教场口街一号

邮箱：marketing@bzkj.cn

网址：www.bzkj.cn

**新乡白鹭投资集团有限公司**
Xinxiang Bailu Investment Group Co.,Ltd

新乡白鹭投资集团有限公司始建于1960年，1964年建成投产。拥有新乡化纤股份有限公司、北京双鹭药业股份有限公司两个上市公司和新乡白鹭精纺科技有限公司等多个子公司，设有白鹭新材料研究院、博士后科研工作站、河南省化学纤维工程技术研究中心等五个研发平台。主导产品"白鹭"牌再生纤维素长丝、氨纶两大系列。公司产品不仅得到国内客户认可，还远销海外，合作伙伴遍布德国、意大利、日本、韩国、土耳其、印度等40多个国家和地区。

**再生纤维素长丝：** 以植物中的纤维素为原料加工而成的再生天然纤维素纤维。产品手感柔软、吸湿透气、抗防静电、色泽鲜艳、滑爽悬垂、雍容华贵，可与蚕丝媲美。产品可自然降解，对土壤、大气没有任何污染，被誉为关爱人体健康、关爱地球生态环境的绿色纤维。

**品种：分为连续纺、半连续纺两大类别**

■（消）光丝　　■ 有色丝
■ 异形丝　　　　■ 竹节丝
■ 功能性纤维

**白鹭氨纶：** 产品规格齐全、质量均匀稳定，能根据客户的不同需求生产各种差别化和功能化的氨纶。

**产品规格包含：**

■ 7-1120D氨纶产品
■ 超细旦氨纶，满足超轻超薄面料要求；
■ 高耐温氨纶，满足高温后整理要求；
■ 抗菌氨纶，可以阻止细菌的滋生；
■ 防脱散氨纶，满足高档袜子需求；
■ 细旦（16D）经编氨纶，满足内衣面料要求；
■ 有色氨纶，防止出现应用露白；
■ 超耐氯氨纶，用于高档泳衣。

长　丝　　　　　　　　　连续纺长丝生产线

氨　纶

智能连续聚合、干法纺丝
氨纶生产线

## 联系方式

**公司销售一处**

电　话：0373-3978808　3978818
传　真：0373-3977871　3978818
联系人：焦东川　姚文峰
地　址：新乡经济技术开发区新长路南侧

**氨纶营销部**

电　话：0373-3978811
　　　　0086-373-3978921
传　真：0373-3977332
联系人：丁虎　张金彭　王云　张珺

# 青岛源海新材料科技有限公司
## Qingdao Yuanhai New Material Technology Co. Ltd.

青岛源海新材料科技有限公司专业从事海藻类海洋纤维及纺织品系列产品研发、生产及销售。公司是在青岛大学海洋纤维教育部创新团队通过承担国家863项目，取得海藻纤维产业化成套工艺与装备行业一等奖技术成果的基础上设立的科技型股份制企业。公司秉承"科技引领、资源绿色、品质优先"的可持续发展理念，以寻找新的可再生纤维资源和发展绿色纤维及生态纺织品推动我国纺织供给侧改革为己任，公司建有纺织专用海藻纤维生产线，可生产生物医学、卫生护理、纺织服装和产业用四大系列近三十个品种的海藻纤维，拥有近五十项发明专利、三十余项注册商标、多项团体、行业及国家标准，2018年纤维产能可达5000吨，公司作为国内海藻纤维的龙头企业，竭诚为社会和行业提供一流产品和服务。

公司主营范围：一是多种类、规格、色系纺织服装用海藻纤维；二是多种类、规格、色系无纺用海藻纤维；三是医用海藻纤维；四是护理用海藻纤维；五是高吸水功能性海藻纤维；六是抑菌系列功能海藻纤维；七是室内装饰及阻燃工程用海藻纤维；八是汽车、高等阻燃内饰专用海藻纤维；九是军用密闭空间阻燃、抑菌、防霉用功能纤维的研发生产及销售。同时，经营海藻纤维纱线及纺织品的研发、设计开发。

海藻纤维产品主要功能：

（1）回潮率高，舒适度好，回潮率在15%–18%（棉为9%，羊绒为15%–20%），舒适度接近羊绒，媲美高档长绒棉纤维，手感类似于丝绸和羊绒，有着极好的穿着舒适性。

（2）天然本质阻燃性能优良，极限氧指数LOI＞45%，无须添加阻燃剂，高温明火下不会产生有毒气体，遇火直接成碳。

（3）止血保湿与促进伤口愈合性能好，可加速血液凝固和结痂速率，用于中至重度渗出伤口，对于有坏死组织的伤口还可以加速清创；纤维吸收渗出液后膨化形成柔软的凝胶，医疗应用上具有止血保湿并且易去除的特点，对新生的娇嫩组织有保护作用，防止在去除纱布时造成二次创伤。

（4）抑菌性能优良，大肠杆菌的抑菌率高达99%，对金黄色葡萄球菌的抑菌率高达99%。

（5）防霉性能优良，经广州微生物所测试，防霉等级0级（最高级别）。

（6）可再生可降解性，海藻资源可再生，海藻纤维可自然生物降解，不会对环境造成危害，完全符合环保要求。

纺织用海藻纤维

无纺用海藻纤维

海藻纤维服装产品

海藻纤维医用产品、
护理产品及阻燃工程类产品

纺织工业联合会科技进步一等奖

山东省技术发明一等奖

# Geely Sambo
吉祥三宝

## 仿鹅绒结构高保暖絮片的

轻质保暖　　　　　　　高回弹性

湿态保暖　　　　　　　超柔舒适

**6个秘密**

高蓬松度　　　　　　　水洗速干

采用特殊的差别化纤维形成复合网络结构，阻值≥0.55M²·K/W,压缩弹性回复率≥90%。具有轻质保暖、湿态保暖、高蓬松度、高回弹性、柔软舒适、可水洗可干洗等优点，在完全漫湿的条件下仍能保持98%的保暖率，且洗涤后回弹性好、不缩水、保暖率不降低。总体性能指标显著优于国内市场上同类产品，达到国际先进水平。

## 五大核心产品

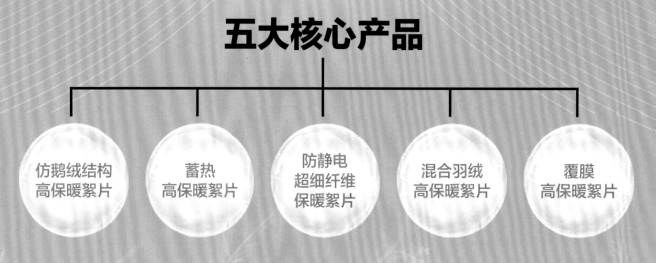

仿鹅绒结构高保暖絮片　　蓄热高保暖絮片　　防静电超细纤维保暖絮片　　混合羽绒高保暖絮片　　覆膜高保暖絮片

## 应用领域

**野外帐篷 / 登山装备 / 汽车 / 单兵作战系统 / 服装被子 / 睡袋**

中国·安徽

**吉祥三宝高科纺织有限公司**

地址：中国-安徽阜阳界首市高新区人民东路708号

网址：www.jixiangsanbao.net

电话：400-100-0103

嘉兴富瑞邦新材料科技有限公司成立于2018年,办公总部坐落于上海,研发及生产基地坐落于浙江省嘉兴市平湖市国家级经济开发区红星路258号,2020年被评为国家高新技术企业,是一家专注于高端功能纤维新材料研发、生产与销售的高科技型公司。富瑞邦作为技术领先的气体净化及高温热管理领域的先进材料专业制造商,拥有多项核心专利技术,致力于为全球专业领域客户提供创新、变革、独特的解决方案。公司技术团队在功能纤维新材料领域拥有超过20年的研究经验,所开发的产品在众多应用领域具有卓越的性能表现。

主要产品有纳米纤维基颗粒物净化材料、抗菌空气净化材料、高效低阻熔喷纤维滤材、气体污染物催化分解材料及柔性陶瓷纳米纤维耐高温隔热材料。公司始终坚持"创新、变革、拥抱未来"的经营理念,在全体员工的不懈努力下,于2018年2月荣获"浙江平湖市创新创业领军企业"称号,于2018年12月荣获"浙江嘉兴市创新创业领军企业"称号,于2018年5月被广东省室内空气净化行业协会授予"优质材料供应商"称号,2019年获平湖市"四新经济"优秀企业,2020年获浙江省"火炬杯"新材料行业大赛第一名,2020年获中国纺织工业联合会科技进步一等奖,2020年为东华大学产业用纺织品理事会理事单位,并承担了多项市级重大项目。

## 公司介绍 HONORARY

# 荣誉资质
## HONORARY

科技进步一等奖

# WilSuture® Sports Medicine Sutures Solutions
# 运动医学专用缝合线全解决方案

Rejoin超强缝线,圆扁线和线环主要由100%超高分子量聚乙烯纤维组成,具有高强度的力学性能,手术中不易断线。2#超强缝线拉伸强度高达370N,打结强度170N,独有的表面涂层处理以及多股编织技术让缝线柔软度更好。聚酯缝合线由目前应用非常成熟的聚对苯二甲酸乙二醇酯(PET)纤维编织而成,由16股PET纤维作为壳线和合适比例的芯线编织而成,缝线更柔软,手感好,结的体积更小。

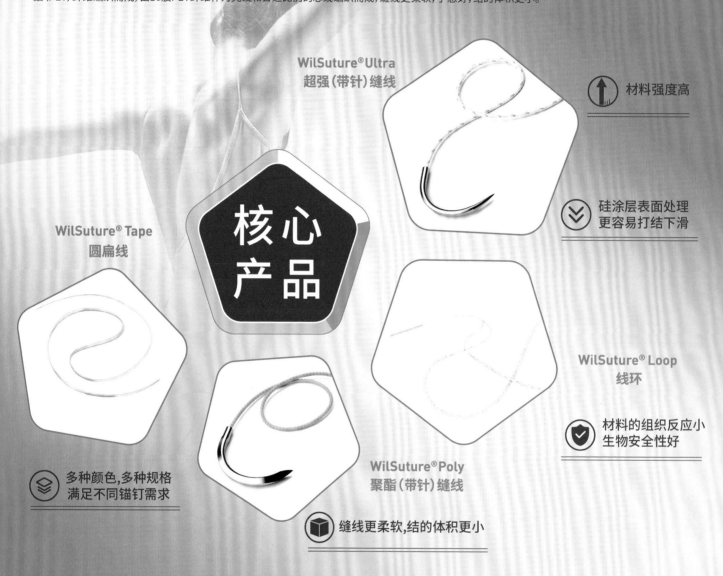

**WilSuture® Ultra**
超强(带针)缝线

核心产品

材料强度高

硅涂层表面处理更容易打结下滑

**WilSuture® Tape**
圆扁线

**WilSuture® Loop**
线环

材料的组织反应小
生物安全性好

多种颜色,多种规格
满足不同锚钉需求

**WilSuture® Poly**
聚酯(带针)缝线

缝线更柔软,结的体积更小

## 适用范围

• 适用于肩,肘,手,腕,髋,膝,足,踝关节周围软组织与骨的连接固定

Hangzhou Rejoin Mastin Medical Device Co., Ltd
杭州锐健马斯汀医疗器材有限公司

22 Xinyan Rd., Yuhang Economic Development Zone, Hangzhou, Zhejiang, 311100 P. R. of China
中国杭州余杭经济技术开发区新颜路22号, 311100
T +86 571 26300581

苏州世名科技股份有限公司成立于2001年，为深交所创业板上市公司，国家级高新技术企业。公司专注于纳米色浆、功能性纳米分散体、电子化学品等产品的研发、生产及销售，产品广泛应用于涂料、纺织纤维、喷墨墨水与电子通信等领域，是国内领先的纳米色浆及功能性纳米分散体供应服务商。

我们坚持走自主创新之路，公司集科技研发、成果转化、生产销售、技术服务于一体，近年来已完成和正在实施的国家、省、市等各级科研项目40余项，参与起草和修订国标、行标40余项，拥有江苏省认定企业技术中心、江苏省水基颜料分散体工程技术研究中心、江苏省重点企业研发机构、江苏省博士后创新实践基地和江苏省企业研究生工作站等省级研发平台。

未来我们将持续传播色彩文化，围绕"想象力、创造力、行动力"的核心价值观，强化创新思维与方法，注重合作与共享，构建大色彩产业链的可持续健康发展，力争成为全球一流的色彩服务提供商。

Suzhou Sunmun Technology Co., Ltd., founded in 2001, is a state-level high-tech enterprise listed on GEM of Shenzhen Stock Exchange.The company focuses on the R&D, production and sales of nano colorants, functional nano dispersions, electronic chemicals and other products. The products are widely used in paint, textile fiber, inkjet ink and electronic communications and other fields. Leading supplier of nano colorants and functional nano dispersions in China.

Sunmun sticks to the path of independent innovation, brought together with scientific research, achievement transformation, production, sales, and technical service as one set. In recent years, Sunmun has finished (or is engaged in) more than 40 scientific research projects at national and provincial levels, participated in repairing and formulating more than 40 national and industrial standards. Sunmun processes several provincial R&D platforms like Enterprise Technology Center Recognized by Jiangsu Province, Jiangsu Province Engineering Technology Research Center for Water-based Pigment Dispersion, Key Enterprise R&D Institution of Jiangsu Province, Postdoctoral Innovative Practice Base of Jiangsu Province, and Jiangsu Province Enterprise Graduate Workstation.

In the future, Sunmun will continue to spread color culture, focus on the core values of "Imagination, Creativity, Action", strengthen innovative thinking and methods, Pay attention to cooperation and sharing, Build the sustainable and healthy development of large color industry chain, and strives to become the world's first-class color service provider.

# 郑州中远企业集团
## ZHENGZHOU ZHONGYUAN ENTERPRISE GROUP

郑州中远企业集团始创于1992年，是全球知名的溶剂纺丝工程公司之一。是具有工程咨询与设计、产品开发及应用、设备制造及安装、自动化控制及软件开发、技术培训等交钥匙工程服务能力的国家高新技术企业。集团拥有切片干燥及固相缩聚、氨纶纤维、UHMWPE超高分子量聚乙烯、Lyocell纤维、醋酸纤维、腈纶纤维等工程技术。均处于行业领先水平。

# ZZSET 郑州中远氨纶工程技术有限公司

郑州中远氨纶工程技术有限公司是郑州中远企业集团的全资子公司。公司主营业务是干法氨纶工程，是具备氨纶工程总承包能力和业绩的专业工程公司，年产值约10亿元人民币。

现有职工400余人，其中工程技术人员160余人，包括国家级专家2人，国外聘请专家4人，博士6人，高级工程师26人，工程师68人。

公司设有研发中心、实验工厂、研发中心、工程设计部、机械设计部、机械加工部、工程施工部、海外事业部、知识产权部等。具备工艺技术研发、工程设计、软件开发、设备制造、安装施工、生产培训为一体的交钥匙工程能力。

研发中心拥有完整的溶液纺丝技术中试试验装置。包括：

★ 模块化连续溶液聚合中试线

★ 干法纺丝空气甬道试验位

★ 干法纺丝氮气甬道试验位

★ 干喷湿纺纺丝试验线

公司自成功开发拥有自主知识产权的连续聚合、高速纺丝干法氨纶工程技术以来，已在国内外承接40条氨纶生产线，年总产能达30余万吨。为中国氨纶行业的技术进步及产业发展做出了重要贡献。

郑州中远氨纶工程技术有限公司对中国氨纶行业技术进步及产业发展的重要贡献，主要体现在以下几个方面及发展阶段：

★ **1998~2003年：中远氨纶批次聚合国产化技术开发成功**

1998年，中远开发出氨纶工程技术国产化批次聚合干法纺丝生产线，使氨纶工程技术实现了国产化技术突破，带动了氨纶行业产能的初步发展。

★ **2004~2013年：中远氨纶连续聚合高速纺丝工程技术开发成功**

2003年，中远成功开发氨纶连续聚合干法高速纺丝工程技术，此前，仅美国杜邦和韩国晓星拥有氨纶连续聚合技术，中远氨纶连续聚合技术的开发成功，打破了国外公司在氨纶连续聚合工程技术方面的垄断。该工程技术荣获2006年度纺织工业协会科技进步二等奖。

公司采用氨纶连续聚合工程技术，先后建设了杭州邦联、厦门力隆、新乡化纤、山东如意、杭州蓝孔雀、印度INDORAMA等氨纶工厂，直接带动了中国及世界氨纶行业的发展和繁荣。其中印度INDORAMA氨纶项目，是中远氨纶公司首次将氨纶工程技术出口到国外。

国内连续聚合工程技术的成功，带动了中国氨纶产能取得大幅度增长，行业整体技术实力大幅度提升。

★ **2014~2020年：中远氨纶高效连续聚合高密度纺丝技术开发成功**

2014年，中远开发成功高效大容量氨纶连续聚合高速纺丝工程技术，通过与新乡化纤的合作，规划建设50万吨/年单体氨纶工厂，目前一期10万吨项目已经投产运行，产品品质优良，获得客户的普遍认可，具有极强的市场竞争力；二期10万吨项目正在建设中；三期30万吨项目已经开始规划。

通过高效高精密大容量聚合设备及工艺流程的开发、高密度纺丝卷绕设备及工艺技术的开发，在保证产品品质的同时，大幅度提高生产效率，降低生产成本，促进了高品质巨型高产能氨纶单体工厂的建设。

中远氨纶高效连续聚合高密度纺丝技术为契机，中国氨纶行业进入高质量发展快车道。行业产能提升同时，带动行业整体效率和品质的提升。

该工程技术荣获2020年度中国纺织工业联合会科技进步一等奖。

### 中远氨纶工程技术荣获的部分奖项：

2006年，获得纺织工业协会科技进步奖二等奖；

2011年，获得中国工业大奖提名奖；

2015年，获化纤行业十大节能减排推荐项目；

2015年，获纺织工业联合会产品开发贡献奖；

2018年，获化纤协会智能制造、绿色制造先进单位；

2019年，获纺织工业联合会纺织行业智能制造优秀集成商；

2020年，再次荣获纺织工业联合会产品开发贡献奖；

2020年，荣获纺织工业联合会科技进步一等奖。

**我们是氨纶工程技术的开发者和领导者！**
**我们致力于溶液纺丝技术的研究和突破！**

联系我们：邮箱:zy@zzset.cn

地址：中国郑州市高新技术开发区金梭路25号